《中国生态系统研究网络（CERN）长期观测质量管理规范》丛书
中国科学院创新方向性项目（KZCX2-YW-433）资助

陆地生态系统水环境观测
质量保证与质量控制

Quality Assurance and Quality Control for Long-term Water
Environmental Observation in Terrestrial Ecosystems

袁国富　张心昱　唐新斋　等 编著

U0341923

中国环境科学出版社·北京

图书在版编目（CIP）数据

陆地生态系统水环境观测质量保证与质量控制/袁国富，等编著. —北京：中国环境科学出版社，2012.8
（《中国生态系统研究网络（CERN）长期观测质量管理规范》丛书）
ISBN 978-7-5111-0954-5

Ⅰ．①陆…　Ⅱ．①袁…　Ⅲ．①陆地—生态系统—水环境—观测—质量控制—中国　Ⅳ．①X143

中国版本图书馆 CIP 数据核字（2012）第 051499 号

责任编辑　张维平
封面设计　玄石至上

出版发行　中国环境科学出版社
　　　　　（100062　北京东城区广渠门内大街 16 号）
　　　　　网　　址：http://www.cesp.com.cn
　　　　　电子邮箱：gjbl@cesp.com.cn
　　　　　联系电话：010-67112765（编辑管理部）
　　　　　发行热线：010-67125803，010-67113405（传真）
　　　　　印装质量热线：010-67113404
印　　刷　北京市联华印刷厂
经　　销　各地新华书店
版　　次　2012 年 8 月第 1 版
印　　次　2012 年 8 月第 1 次印刷
开　　本　787×1092　1/16
印　　张　13.25
字　　数　310 千字
定　　价　44.00 元

《中国生态系统研究网络（CERN）长期观测质量管理规范》丛书

指导委员会

于贵瑞　孙晓敏　杨林章　王跃思　李凌浩　蔡庆华

编辑委员会

主　编　袁国富　吴冬秀　于秀波

编　委（按姓氏笔画排序）：

叶　麟　韦文珊　刘广仁　宋创业　宋　歌　张心昱

胡　波　施建平　徐耀阳　唐新斋　潘贤章

《陆地生态系统水环境观测质量保证与质量控制》
编 写 组

主　　编　袁国富

副 主 编　张心昱　唐新斋

编写人员（按姓氏笔画排序）

王　溪　刘玉洪　张心昱　苏宏新　李　伟　姜　峻

娄金勇　郭永平　唐新斋　袁国富　董雯怡　谢　娟

序　言

中国生态系统研究网络（CERN）从 20 世纪 80 年代末开始筹建以来，针对不同地域的典型生态系统开展了长期联网监测与研究，揭示陆地和水域生态系统演变规律，以及全球变化和人类活动对生态系统的影响和反馈。

建立科学合理的监测规范是 CERN 开展长期联网监测的一项基础性工作。为此先后出版了《中国生态系统研究网络观测与分析标准方法》丛书和《中国生态系统研究网络长期观测规范》丛书，制定了生态系统长期监测指标，规范了长期观测的场地及其设置方法，统一了观测和分析方法。

本次出版的《中国生态系统研究网络（CERN）长期观测质量管理规范》丛书则是针对 CERN 长期监测数据的质量控制和质量保证体系进行系统阐述。丛书分为 5 册，其中包括陆地生态系统水分、土壤、大气、生物要素 4 册和水域生态系统 1 册。每册均涵盖 CERN 质量管理体系、数据产生过程质量保证与质量控制、数据审核与评估、质量管理相关制度等 4 个部分，系统阐述了 CERN 数据从观测计划、数据生产、数据审核到数据检验全过程的质量保证要求和质量控制方法。

该丛书是对 CERN 多年生态系统监测和数据质量管理成果和经验的系统总结，同时也借鉴了国际和国内相关的生态系统和环境长期监测质量控制方法。在此基础上形成了一套有特色的，符合 CERN 长期监测特征的质量管理规范。

该丛书是由 CERN 水、土、气、生和水域 5 个学科分中心负责编写完成，得到CERN 综合中心、各生态站和 CERN 科学委员会的大力支持。作为 CERN 长期联网监测规范体系的重要组成部分，该丛书将进一步完善 CERN 质量管理和数据质量体系，并为我国相关领域长期联网监测的规范化管理提供有益的参考。

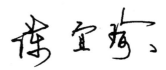

CERN 科学委员会主任

中国科学院院士

2012 年 7 月 25 日

前　言

中国生态系统研究网络（CERN）已经走过了 20 余年的历程，作为野外台站三大任务之一的长期监测工作走入正轨运行也有十余年的历史。在这一过程中，CERN 针对长期监测任务先后出版了两套丛书，分别为方法丛书和规范丛书，用来明确 CERN 台站长期监测任务的具体工作内容和标准。现在出版的这套丛书则是针对长期监测及其数据的质量管理规范，作为对 CERN 系列规范内容的进一步补充和完善，提升 CERN 台站长期监测的质量管理水平。

作为一项生态系统长期野外监测工作，长期监测及其数据的质量控制与质量保证是必不可少的环节，CERN 在建立之初就开始针对这一环节实施了一系列的措施，这些措施包括：建立了 CERN 长期监测的三级质量管理体系，即台站-专业分中心-综合中心的三级数据质量管理模式；设置了统一的监测指标体系、监测方法、观测仪器；建立了统一的数据库格式和共享数据库等。通过这些措施，从联网长期监测的目的出发，形成了 CERN 有特色的长期监测规范和方法。如果说数据是 CERN 生态系统野外长期监测的核心的话，那么质量管理则是保证长期监测数据的合理性和可利用性的最终保障。

CERN 水分分中心从 1998 年开始实施对 CERN 野外陆地生态系统台站水环境长期监测的质量管理工作，这项工作在国内外并没有可以借鉴的示例，水分分中心在十余年的管理实践中不断摸索完善，对 CERN 水环境监测及其数据中存在的问题积累了大量的经验和教训，本书总结了这些经验和教训，与 CERN 台站监测人员进行了大量的沟通，同时参考了美国 LTER 和英国 ECN 野外监测网络的相关成果，最终形成了目前这本针对 CERN 陆地生态系统野外试验站水环境长期监测的质量规范文本。

本书主要由三部分组成，第一部分是 CERN 陆地生态系统水环境长期监测的质量体系，从组织结构和质量管理内容等方面对 CERN 质量管理工作进行了归纳和总结。第二部分是具体的质量保证与质量控制措施，在 CERN 质量管理中这部分内容又被称为前端质控，包括分别对场地管理的质量控制与质量保证、野外现场观测和现场采样的质量控制与质量保证、室内分析的质量控制与质量保证，为了适应观测技术的发展，这一部分我们还专门增加了水环境野外自动监测平台的相关质量管理的论述。第三部分是对长期监测数据的质量审核与评估，属于 CERN 后端质控内容，包括数据的填报、数据的审核和最终数据的综合评估方法等。由于陆地生态系统水环境指标包括两大类：水文指标和水化学指标，在阐述相关质量控制措施时，本书针对水文指标和水化学指标的质量管理分开加以说明。本书可以作为 CERN 陆地生态系统野外台站水环境长期监测质量管理的参考书籍，也可以为国家其他行业和部门的相关野外监测工作提供参考。

参加本书编写的人员分工主要是，袁国富负责撰写第 1 到 4 章，以及第 6、10、12 章的撰写，张心昱负责第 5、7、8、11 章的撰写，唐新斋负责第九章的撰写，谢娟参与编写了第 5、7 章内容，董雯怡参与编写了第 11 章内容。在撰写过程中，野外台站相关专家提供了大量素材，包括哀牢山站刘玉洪老师，北京森林站苏宏新老师，安塞站姜俊老师，策勒站郭永平老师，贡嘎山站李伟老师、禹城站娄金勇老师和海北站王溪老师等。

本书是在中科院重要方向项目"长期生态监测数据质量控制与数据开发的方法和关键技术研究"（KZCX2-YW-433-1）的支持下完成的。在课题研究和书稿的撰写过程中，还得到了 CERN 水分分中心前两任主任唐登银先生和孙晓敏研究员的指导和关怀，CERN 科学委员会前任和现任秘书赵士洞先生，欧阳竹研究员，于秀波研究员都给予了有益的指导，CERN 科学委员会委员于贵瑞研究员、张佳宝研究员、杨林章研究员都对书稿内容提出过宝贵意见，在研究和撰写书籍过程中，CERN 各野外台站负责水环境监测的各位专家与我们相互讨论，提出意见，对我们的研究和本书内容有很大的帮助。最后，要特别感谢中科院资环局领导冯仁国副局长、庄绪亮主任、杨萍主任在课题执行过程中给予的支持和指导。

本书所针对的内容是我们制定陆地生态系统野外台站水环境长期监测质量管理规范的一个尝试，没有专门可以借鉴的国内外成果。鉴于编著者水平有限，有很多问题需要进一步研究和探讨，甚至错误或疏漏之处在所难免，敬请读者不吝指正。

编著者

2012 年 7 月于北京

目　录

第三篇　数据检验与评估

第一篇
质量管理体系

1 陆地生态系统水环境观测质量管理体系

1.1 CERN 质量管理体系

1.1.1 CERN 质量管理体系的含义

质量管理体系（Quality Management System，QMS），ISO 9001：2005 标准定义为"在质量方面指挥和控制组织的管理体系"，通常包括制定质量方针、目标以及质量策划、质量控制、质量保证和质量改进等活动。

CERN 质量管理体系是指针对 CERN 野外长期联网监测，为实施质量管理所形成的组织结构、程序、过程和资源的总称。根据 CERN 的特色，CERN 的质量管理体系由五部分组成（图 1-1）。

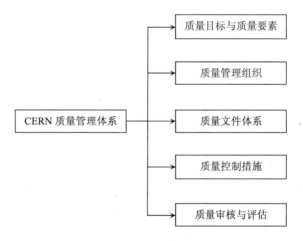

图 1-1 CERN 质量管理体系的五大组成部分

"质量目标与质量要素"设定 CERN 质量管理的目标，并制定具体的目标量化指标（质量要素），"质量管理组织"则是设置的各级管理机构，"质量文件体系"是对整个质量管理过程的规范化文本，"质量控制措施"则是具体的质量执行的方法，"质量审核与评估"是根据质量目标对最终数据产品进行质量管理与评估。本书将围绕这五个方面详细展开 CERN 水环境观测的质量管理体系和质量管理方法的探讨和说明。

CERN 通过建立质量管理体系对 CERN 长期联网监测全过程进行质量管理。

CERN 的质量管理体系在 CERN 设计和建设初期就已经有了基本的框架，通过 CERN

科学委员会和 CERN 领导小组办公室的领导，建立综合中心—分中心—台站的三级质量管理组织结构，每一级的质量管理内容和职能各有分工，形成一个完整协调的质量管理体系。

与美国环境保护局（EPA）的质量管理框架类似，CERN 的质量管理也分为计划—执行—评估三个步骤，质量管理的主要内容是针对每一个步骤制定完整的质量保证/质量控制（QA/QC）行为，确保 CERN 运行的质量目标。

作为 CERN 质量管理体系的核心内容，CERN 长期联网监测的规范化 QA/QC 活动贯穿整个质量管理始终，完善并建立质量文件、制定和实施质量控制措施是 QA/QC 活动的关键。

1.1.2　CERN 质量管理体系组织结构

质量管理体系的组织结构是应对质量管理设置的具体的组织和机构，它是质量管理的基础。

目前，整个 CERN 的运行是在专门设置的 CERN 科学委员会和 CERN 领导小组办公室的领导下开展工作的，为实施具体的运行管理和质量管理，设置了一个三级管理体系，它也是 CERN 质量管理体系组织结构。

CERN 质量管理体系的组织结构是一个三级管理体系，如图 1-2 所示。

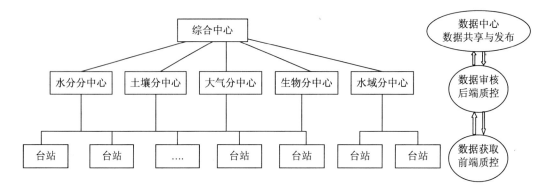

图 1-2　CERN 质量管理体系的三级组织结构

分布于全国各地的不同类型的生态试验站是 CERN 网络的基础和长期监测工作的具体实施单位，它们是整个质量管理体系组织结构中的第一级平台。在整个 CERN 长期监测质量管理中，野外台站的职责是数据获取，并按照要求实施相关的质量管理。

为了更好地管理不同类型生态站监测的不同类型的长期监测数据，CERN 设置水分分中心、土壤分中心、大气分中心、生物分中心和水域分中心共 5 个分中心分别管理野外台站不同的监测数据，其中水分、土壤、大气和生物分中心分别管理陆地生态系统试验站的水、土、气、生数据，水域分中心单独管理水域生态系统野外台站的监测数据。5 个分中心构成了质量管理体系中的第二级组织，主要的质量管理职责是规范和指导野外台站的监测工作，并对监测数据进行质量控制和评估。

质量管理的最高一级组织是综合中心，在质量管理体系中，它的主要职责是数据管理中心，用来规范与数据管理有关的一切活动和信息，并负责数据的发布与共享。

CERN 的三级质量管理组织模式体现了生态系统野外长期联网监测的特点，这一管理组织模式考虑生态系统的复杂性、数据的多样性，以及长期生态系统研究的跨学科等特点，设置专门的专业分中心对监测工作和质量管理进行针对性管理。这种组织模式是对野外长期生态学联网研究和监测的合理模式。

1.1.3 CERN 质量管理体系运行机制

1.1.3.1 质量管理运行的三步骤

CERN 质量管理运行机制是根据 CERN 野外长期联网监测的特点和生产数据的需要而制定的，体现了野外长期监测与长期监测数据的特殊性。

CERN 质量管理的运行，根据每个阶段的目标和具体任务不同，可以分为三个步骤来实施，即计划、执行和评估三个步骤，如图 1-3 所示。

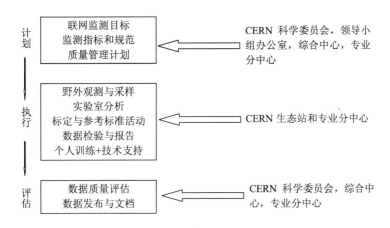

图 1-3 CERN 质量管理体系的运行

CERN 通过制订计划，具体实施到最后数据评估完成整个野外长期联网监测的质量管理活动。

第一阶段是计划。这一阶段的主要内容包括制定 CERN 长期联网监测的科学目标和质量目标，在此基础上设置长期监测指标并制定监测规范，为了保证数据质量要制定质量管理计划等一系列的活动。这一阶段的工作主要由 CERN 科学委员会负责组织和最终审核，具体由 CERN 领导小组办公室组织 CERN 综合中心和专业分中心来完成相关工作。

第二阶段是执行。在执行阶段要完成计划所规定的野外监测内容，包括观测、采样、实验室分析等数据生产活动，以及标定与参考标准活动、数据审核、检验、培训与技术支持等质量管理活动等，通过执行阶段最终获得符合质量目标的数据和数据产品，是 CERN 质量管理的最终对象。这一阶段的工作由 CERN 野外生态试验站和专业分中心具体实施。

第三阶段是评估。通过对生产的数据进行质量评估，并规范化数据格式和信息化，对数据实施共享与发布，作为数据面向用户的基础。这一阶段工作由 CERN 综合中心和专业分中心具体实施，CERN 科学委员会最终把关。

CERN 的整个质量管理活动的运行还可以根据质量管理体系的各要素来描述整个质量管理过程的运行，如图 1-4 所示。

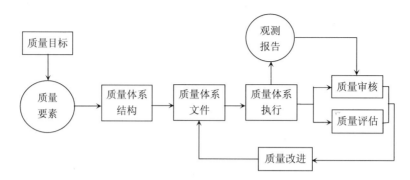

图 1-4 CERN 质量体系运行原理（欧阳华，2008）

一个完整的 CERN 质量管理运行过程，需要包括以下几个方面的要素和具体内容：

（1）质量目标。通过 CERN 科学委员会组织和讨论确定 CERN 长期联网监测的质量方针和目标，作为整个 CERN 运行的基础和依据，所有的质量活动都必须在 CERN 质量方针和目标的要求下实施。

（2）质量要素。这是对质量目标的具体化和量化，便于质量管理和评估。这些质量环境要素主要从数据的完整性、准确性、一致性、代表性等方面设置具体的量化指标。

（3）质量体系结构。是用于质量管理的组织结构。在整个 CERN 层面就是一个三级管理组织体系（见图 1-2），在具体的执行单位，如各台站、专业分中心和综合中心，则还应该建立自身的质量管理组织结构体系。

（4）质量体系文件。又称质量文件，是对质量体系各环节的文件化。只有将所有质量管理活动文件化和信息化，才能确保质量管理体系的正常和可持续运行。

（5）质量体系执行。这部分就是具体的在野外台站层面的监测过程中的质量控制措施，是质量管理的关键。

（6）观测报告。是台站野外观测过程中的各类质量记录，包括各类背景信息、元数据信息等的记录和报告。

（7）质量审核和评估。是针对数据的检查、整理、评估和共享过程。

（8）质量改进。一个好的质量体系必须能不断地进行质量改进，不断地通过反馈机制自我完善。这种自我改进和完善要通过质量文件形式保存并最终指导质量管理的执行过程。

1.1.3.2　CERN 质量管理流程

CERN 长期生态监测是一项野外台站之间的联网共同监测计划，野外台站是实施长期监测的主体，专业分中心和综合中心偏向于对数据的管理，包括质量管理。在 CERN 这种特殊组织框架下，CERN 的质量管理可以区分为前端质控和后端质控两部分，以区分各自的职责和任务，形成更为有效的质量管理架构。图 1-5 显示了台站、专业分中心和综合中心在整个质量管理体系中的位置以及整个质量管理流程。

前端质控是 CERN 野外生态站负责实施的质量管理活动，包括两方面的内容：野外观测与质量评估。野外观测就是野外台站按照 CERN 监测规范实施的野外观测活动，并根据 CERN 质量要求完成观测过程的质量控制；质量评估则是台站对观测和分析获得的数据进行评估，包括重复测量、仪器标定等，最后将数据录入规定的报表中。

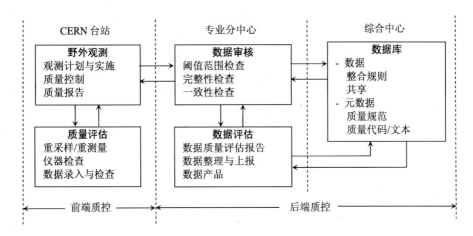

图 1-5 CERN 三级质量管理组织的质量管理流程与职责

后端质控包括 CERN 专业分中心和综合中心所有的质量管理活动，是数据生产后进行的质量管理活动。它又包括专业分中心和综合中心两个层面的质量管理。在专业分中心层面，主要是进行数据审核、检验和评估，在综合中心层面，则主要是对数据进行入库整理和共享。

1.1.4 CERN 质量文件与质量控制方法

CERN 质量管理体系包括质量管理的诸多方面，但核心内容主要是质量文件和质量控制方法两部分内容，它们构成了质量管理的关键。

质量文件将所有质量活动文本化，以方便 CERN 整个系统的运行和管理，质量控制方法则是保证质量目标的具体措施，一个不断完善的质量控制方法体系是 CERN 质量管理的重要活动。

1.1.4.1 质量文件

质量文件是描述质量管理的所有文档，根据文件内容的性质，它可以分为三类质量文件：程序性文件、作业指导书和质量记录，如图 1-6 所示。

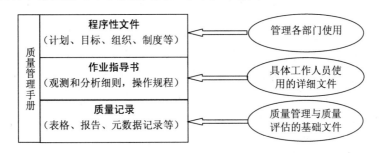

图 1-6 CERN 质量文件体系

程序性文件包含所有质量管理目标、计划、组织和制度等方面的文档，用于观测工作各环节的管理人员使用。

作业指导书详细地描述了野外长期观测的具体方法和操作流程、规程和细则，以及质量控制方法等内容，用于具体观测人员使用的具体指导文档。

质量记录则是为保证监测过程和数据的质量，设计和使用的各类质量表格、报告、背景信息和各类元数据信息等材料，是进行质量控制的关键要素。

对于 CERN 前端质控来说，为保证野外台站的质量管理工作，需要针对每个野外台站建立质量管理手册。这一质量管理手册应将三类质量文件包括进去，形成完整的野外台站质量管理手册。考虑到野外台站监测指标的专业性和相互差异，可以从水分、土壤、大气、生物等几个方面分开撰写质量管理手册，但手册的具体内容应该包含上述三方面的质量文件。

1.1.4.2 质量控制方法

质量控制方法就是为达到质量要求所采取的一些作业技术和活动。只有实施具体的质量控制措施，才能确保质量目标的完成，因此制定一套完整和合理的质量控制措施并加以实施是保证 CERN 野外长期联网监测的核心。

CERN 的质量控制方法分为前端质量控制方法和后端质量控制方法，两种方法侧重点不同。前端质量控制侧重于对野外长期监测过程的质量管理和控制，后端质量控制方法侧重于对数据本身的质量检查和评估（图 1-5）。

目前 CERN 前端质量控制方法主要针对数据生成过程中的各个环节，从场地管理、现场采样和观测、室内分析多环节制定一整套质量控制措施，确保整个监测和数据生成过程按照要求完成，形成符合质量要求的监测数据。

CERN 的后端质量控制方法主要通过构建合理的数据审核和检验方法、数据自动处理方法、开发信息系统管理平台等手段来确保最终形成面向用户的完整的符合质量要求的数据。

对于野外长期生态监测和联网监测来说，质量控制方法是一个全新的领域，需要不停地探索更多更好的质量控制方法。

1.2 陆地生态系统水环境观测质量管理体系

1.2.1 水环境观测质量管理组织结构与运行机制

1.2.1.1 质量管理组织结构

陆地生态系统水环境观测的质量管理体系隶属于整个 CERN 质量管理体系中的一环。水分分中心作为这一质量管理体系的主要管理部门，在 CERN 科学委员会和领导小组办公室的领导下，在综合中心的辅助下，指导和评估台站的水环境观测质量管理工作。

具体的 CERN 陆地生态系统水环境观测和数据质量控制的质量管理组织结构，从水分分中心和台站两个层面上来构建。

在水分分中心层面上，主要是在分中心主任的领导下，设置业务主管和数据主管两个岗位，对水分分中心质量管理工作进行具体管理。其中业务主管主要负责台站监测过程的质量管理相关工作，数据主管主要负责数据审核和评估等质量管理相关工作。整个架构如图 1-7 所示。详细的水分分中心质量管理参考案例 1-1。

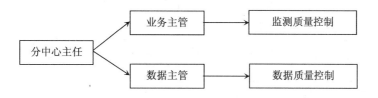

图 1-7　水分分中心质量管理组织架构

案例 1-1　CERN 水分分中心数据质量控制管理办法

　　第一条　为规范水分分中心数据质量控制工作，提高水分分中心水分质量控制水平，保证水分分中心数据质量控制的顺利实施和可持续性，特制定本办法。

　　第二条　水分分中心的数据质量控制工作设置业务主管和数据主管来分别管理和实施相关工作。

　　第三条　水分数据质量控制分三个工作程序来实施：水分监测过程质量控制；台站数据上报与审核过程质量控制；以及数据整理与评估过程质量控制。

　　第四条　水分监测过程质量控制由水分分中心业务主管负责，主要工作包括组织制定和实施科学合理的水分监测规范；指导野外台站根据监测规范实施监测；帮助解决野外台站在监测过程中遇到的问题等，确保野外台站水分监测工作正确顺利的实施。

　　第五条　台站数据上报与审核过程的质量控制主要由水分分中心数据主管负责，主要工作包括协助 CERN 数据管理中心（综合中心）制定合理的数据上报报表格式；根据数据质量控制的需要收集野外台站水分数据；审核野外台站上报数据中存在的问题并与台站沟通及时加以改正；确保上报数据尽量合理完整等。

　　第六条　数据整理与评估过程质量控制由数据主管和业务主管共同负责，主要工作是按照要求对野外台站数据进行整理；制定合理的评估方法对每年上交的野外台站监测数据进行综合评估；根据野外台站数据质量状况撰写数据质量评估报告等。

　　第七条　数据质量控制过程是一个动态过程，质控人员应该经常探讨水分数据质量控制措施的改进方法，借鉴先进的质量控制方法，完善水分数据质量控制过程。

　　对于台站的水分监测质量管理，应该设置一个三级管理体系，由站长或主管监测的执行站长负责，设置专门的负责水环境观测的负责人，由水环境观测的负责人通过调度和管理水分监测人员，在台站数据管理人员的配合下完成整个水环境观测工作和质量管理工作，这个流程如图 1-8 所示。

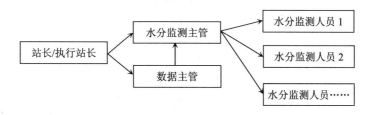

图 1-8　台站水环境观测质量管理组织架构

台站的质量管理组织架构也可以参考案例 1-2 中北京森林站的组织管理架构。

案例 1-2 北京森林站质量观测组织结构与职责

北京森林站质量管理组织实行开放式分级管理结构，实行在 CERN、中国科学院植物研究所领导下的站长负责制，由执行站长全面负责，重大问题由站长办公会议共同商定，做到既分工又合作，充分发挥集体领导的作用。水环境专项负责人和监测人员具体执行和完成监测任务，其他科研人员合作并协助完成水环境的长期监测与管理工作。北京森林站直接参与水环境观测工作的人员配置及其岗位职责如下表所示，该表涵盖监测工作的各个环节。监测环节质量管理任务和具体要求如下：

（1）年度监测计划制定：根据水分分中心的年度任务要求，统筹制定当年的监测计划，包括监测内容、场地、时间、指标、方法以及人员分工等。

（2）监测仪器准备校准：根据年度计划，对监测中所需要的仪器和工具进行准备，包括仪器的更新购买，续用仪器的检查校正。

（3）监测人员技术培训：根据年度计划，对参与监测人员进行技术培训和考核，温故知新。

（4）监测场地维护建设：检查长期监测场地和设施的运行状况以及保护设施的完备性，出现问题及时维护修缮。

（5）风险应急预案制定：充分考虑可能遇到的问题，提前提出应急措施，包括天气、工具以及人为等各种因素对监测工作可能造成的阻碍。

北京森林生态系统定位研究站质量管理组织结构与职责

监测环节	实现过程和控制文件	人员配置和岗位职责					
		站长（1人）	副站长（2人）	执行站长（1人）	水环境专项负责人（1人）	监测人员（3人）	其他科研人员
质量管理分工	水环境观测质量管理条例、质量管理落实情况报告	总负责人	总监督人	日常负责人	日常执行人	日常执行人	协助监督
场地管理	水环境长期观测（长期实验）样地管理条例	选址，观测目标设定	观测任务指标确定	场地事务交涉管理	日常维护和检修	日常保养和修复	协助选址，协助保护
野外长期观测	野外观测与采样工作管理条例、观测计划、实施方案、记录表格	目标安排，过程监督	指标确定，过程监督	计划制定，人员培训	人员分工，参与观测，时时监控	工具表格准备，观测，计录	物种分类技术支持，参与调查
仪器管理	仪器设备管理条例、仪器使用登记表	仪器购入意向和责任人	仪器采购和责任人	仪器采购、管理、人员培训	仪器日常管理和维护	仪器使用和维护	仪器校正和技术维护
样品制备、保存运输	样品库管理条例、样品档案记录表	样品库责任人，过程监督	样品库负责人，过程监督	人员培训，样品保存归档管理	人员分工，样品保存登记记录	工具准备，取样，样品保存运输	特殊工具药品提供

监测环节	实现过程和控制文件	人员配置和岗位职责					
		站长（1人）	副站长（2人）	执行站长（1人）	水环境专项负责人（1人）	监测人员（3人）	其他科研人员
室内分析	实验室日常管理条例、实验室操作记录日志	实验室责任人，过程监督	实验室负责人，过程监督	人员培训，实验室日常管理	实验室人员分工、操作与监控	实验室日常维护和实验操作	协助分析实验开展
数据录入与校验	数据审验和管理条例、数据表、质控信息表	每年完全校检	每季度审查	每月跟踪监督审核	数据整理和填报	数据初步录入	数据合理性与适用性评价
数据管理	数据审验和管理条例、数据质量评价报告，北京森林站信息系统	信息系统责任人	质量评价报告鉴定、责任人	信息系统日常管理	质量评价报告生成	数据录入和整理、安全维护	数据使用共享
档案管理	档案管理条例、北京森林站档案数据库	每年检查	每季度审查	档案库建立和保管	档案生成和整理	资料收集和整理	历史资料提供和共享使用

1.2.1.2 质量管理运行机制

水环境观测质量管理的运行流程也是按照计划—执行—评估三步骤实施的。图 1-9 描述了水环境观测质量管理的流程，包括过程、内容和主要的技术和方法。

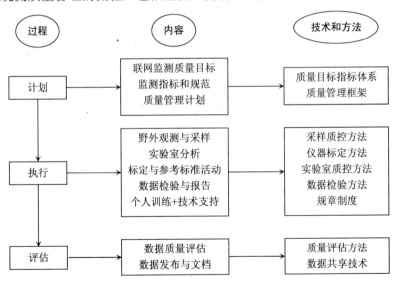

图 1-9 水环境观测质量管理流程

在"计划"阶段，主要的质量管理工作内容包括确定 CERN 水环境联网监测的质量目标、制定监测指标和观测规范、制定质量管理计划等内容。针对这些质量管理工作，具体的技术和方法主要包括要确定质量目标指标体系并设置具体的量化标准，要构建符合水分监测特点的质量管理框架。

在"执行"阶段，主要的质量管理工作包括野外观测与采样、实验室室内分析、仪器标定和室内分析质量控制活动、数据检验与审核、人员培训和技术支持等。完成上述这些管理工作对应的质量控制措施包括建立完善的采样质控方法、仪器标定方法、实验室质控方法、数据检验方法以及各类用来管理运行的规章制度等。

在评估阶段，主要的质量管理工作是数据评估和发布共享工作。涉及的质控技术主要是数据质量评估方法和数据共享技术等。

1.2.2 水环境观测质量文件体系

水环境观测的质量文件包括程序性文件、作业指导书、质量记录三大类，最终在野外台站应该撰写完成一套质量手册，将所有三大类文件都包括在这个手册中。

（1）程序性文件

水环境长期联网监测的程序性文件包括监测计划、目标等方面的文本，还包括所有与质量管理有关的规章和制度。

（2）作业指导书

水环境观测的作业指导书主要集中在已经出版的两本方法与规范丛书中，即：《水环境要素观测与分析》（中国标准出版社，1998）；《陆地生态系统水环境观测规范》（中国环境科学出版社，2007）。

野外台站可以根据这两本书中的相关内容编写适合自己本台站的作业指导书。

（3）质量记录

野外台站的质量记录文本包括所有野外采样和观测过程中的原始记录表格和其他在观测采样、分析过程中生成的表格和记录文本。规范化的质量记录文本是进行野外监测质量控制的关键环节之一。

所有 CERN 野外台站应该针对水环境观测的质量管理撰写完整的质量手册，包括上述所有三方面的内容，用于台站质量管理。台站水环境观测质量管理手册的提纲参考案例 1-3。

案例 1-3 《台站水环境观测质量管理手册》编写大纲

1 水环境长期监测质量管理体系

1.1 质量管理的目的和任务

1.2 质量管理流程

1.3 质量管理组织结构与职责

1.4 质量管理责任人的培训与管理

2 水环境长期监测项目与监测场地

2.1 水文监测项目与监测计划

2.1.1 监测指标、监测频率与监测场地一览表

2.1.2 土壤含水量监测计划

2.1.3 地下水位监测计划

2.1.4 水面蒸发监测计划

2.1.5　地表蒸发监测计划

2.1.6　地表径流监测计划

2.1.7　土壤水分特征参数监测计划

2.1.8　地表径流监测计划（森林）

2.1.9　灌溉量的监测（农田、荒漠）

2.1.10　树干径流、穿透降水监测计划（森林）

2.1.11　枯枝落叶层含水量监测计划（森林）

2.1.12　积水水深监测计划

2.2　水质监测项目与监测计划

2.2.1　水质监测指标、采样频率与采样地一览表

2.2.2　地表水、地下水水质监测计划

2.2.3　雨水水质监测计划

2.3　水环境观测长期观测采样地的设置与管理

2.3.1　长期观测采样地一览表

2.3.2　长期观测采样地背景信息一览表

2.3.3　长期观测采样地背景信息的动态调查

2.3.4　长期观测采样地的定期维护与管理

2.3.5　长期观测采样地的变更

3　野外现场观测仪器或设施的操作、维护与管理

3.1　野外观测仪器一览

3.2　中子仪的使用、维护与管理

3.2.1　中子仪操作规程

3.2.1.1　观测方法

3.2.1.2　观测步骤规范

3.2.1.3　观测过程元数据信息的记录

3.2.2　中子仪的维护与管理

3.2.2.1　仪器的标定

3.2.2.2　仪器的检修

3.2.2.3　仪器的管理

3.3　E601水面蒸发皿自动观测系统的使用、维护与管理

3.3.1　自动观测系统操作规程

3.3.2　自动观测系统的维护与管理

3.4　E601水面蒸发皿人工观测系统的使用、维护与管理

3.4.1　人工观测系统操作规程

3.4.2　人工观测系统的维护与管理

3.5　地下水井设施的使用、维护与管理

3.5.1　地下水位观测方法

3.5.2　地下水井的维护与管理

3.6　便携式水质分析仪的使用、维护与管理

1.2.3　水环境观测质量控制方法

本书将对陆地生态系统水环境观测质量控制方法做详细说明，这里简单归纳主要的水环境观测质量控制方法。

1.2.3.1　主要的前端质控内容和方法

针对野外台站的前端质量管理主要的内容包括：

（1）制定和撰写质量文件。包括观测计划、组织方式等程序性文件；观测方法、操作规程、质控方法等指导性文件；以及记录表格、元数据、数据录入等质量文件。

（2）实施质量控制。按照质量文件的要求，严格执行观测计划和质量控制措施，不断地完善质量控制措施。

（3）评估质量数据按照管理的要求和质量目标，对数据进行审核和评估；按照数据共享的要求对数据和元数据进行整理的存档。

根据这些质量管理的内容，要采取的主要质量控制措施主要有：

（1）制定严格的野外观测操作过程和记录文档。包括仪器的操作方法、过程、维护等原始记录表。

（2）野外观测仪器的标定制度与执行。野外观测仪器的标定是保证数据准确性的关键，必须予以重视。

（3）采样的操作规程与质控措施。包括采样方法和操作过程，采样的质控措施（国家和行业标准）等。

（4）实验室分析的质控措施。包括具体的分析方法和操作过程，分析过程的质量控制措施等。

1.2.3.2　主要的后端质控内容和方法

后端质控主要由水分分中心和综合中心组织实施。主要的内容包括：

（1）数据录入与检查。观测数据的录入过程与初检，这部分工作主要由水分分中心和综合中心制定规范化的录入系统，由野外台站来完成。

（2）数据检查与审核。由水分分中心检查和审核数据的准确性、完整性、一致性和代表性等。

（3）数据评估。由水分分中心对数据的准确性、完整性、一致性和代表性加以评估，提交评估报告。

（4）数据库规范化。由综合中心完成，包括数据存储的规范化和元数据信息的规范化等。

在后端质量管理中，主要的质量控制措施包括：

（1）数据录入的自动化和规范化。开发和完善数据录入信息系统，减少数据录入环节的错误。

（2）数据检验方法的完善。分析数据之间的逻辑关系，提供数据审核的准确性和效率。

（3）数据评估的数量化、规范化。制定数据质量好坏的量化标准，拟定数据评估内容的标准格式，推动数据的使用与共享。

2 陆地生态系统水环境观测质量管理的目的与任务

2.1 水环境观测质量管理目的

陆地生态系统水环境观测质量管理的目的在于确保水环境观测符合 CERN 规范要求，并获得符合质量标准的数据与元数据，具体来讲，水环境观测质量管理必须达到如下要求：

（1）台站水环境观测符合 CERN 水环境观测规范。这些规范包括对监测指标和频率、监测场地的设置、监测方法的规范和质量控制措施的实施等。严格的规范操作是保证 CERN 长期联网科学目标的基础，水环境观测质量管理首先是要确保数据生产过程中的规范化。

（2）数据和元数据必须符合数据质量目标的要求。CERN 监测数据是基于 CERN 的科学目标产生的大量数据，这些数据必须保证其基本的准确性、完整性和一致性。同时为了数据的共享和可利用，必须同时保证完整的元数据信息，包括各种数据产生的背景信息等。

2.2 水环境观测质量管理主要任务

2.2.1 任务框架

陆地生态系统水环境长期观测质量管理涉及保证监测数据正确可靠的全部活动和措施，其主要内容包括制定监测计划，建立管理组织，根据需要和监测目标确定对监测数据的质量要求，规定相适应的观测方法、手段和分析测试系统，数据评估和技术培训等多个环节。

针对水环境观测质量管理，具体的任务如图 2-1 所示，任务主要由场地管理、野外观测、野外采样与样品管理、室内分析、数据整理、数据检验和数据评估这七个环节组成，每个环节都包含了有针对性的质量管理任务。

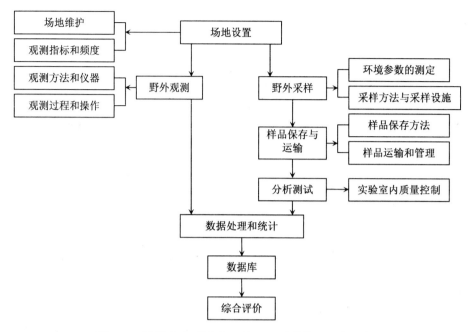

图 2-1　陆地生态系统水环境观测质量管理任务框架

2.2.2　前端质量管理任务

前端质量管理任务主要是 CERN 野外台站需要实施的质量管理工作，主要包括：

（1）场地管理

野外长期监测场地的质量管理工作主要是按照要求设置野外观测场地，制定场地维护的办法并实施，记录场地完整的元数据信息等。

（2）野外现场观测

野外现场观测采样的质量管理任务主要是定期实施严格的仪器标定工作，定期的仪器维护，以及严格的仪器操作规程等。还有需要制定完整的野外观测背景信息（元数据）的记录表格并加以实施。

（3）野外现场采样与样品管理

采样过程需要考虑采样点的设置、采样方法、采样仪器及其维护、采样记录内容与表格、采样过程的 QA/QC 要求等内容。

样品的管理质量措施包括样品的保存容器和方法、样品运输方法、样品标识的规范化等一系列的质量要求。

（4）室内分析

室内分析的质量管理包括对实验室条件的要求、分析仪器的要求、操作要求、分析人员的要求以及分析记录等相关的质量控制措施。

2.2.3　后端质量管理任务

后端的质量管理任务主要由台站和水分分中心完成，主要是对已经获取的数据和元数据进行整理、审核和评估。主要内容有：

（1）数据整理、录入和初步检查

这部分质量管理任务由野外台站完成，野外台站应该建立完整的数据管理程序和规章，保证所有野外观测和室内分析的数据及元数据都能完整地保留，并按照规定的格式存储。部分数据的录入还可以实现计算机辅助处理，以便减少录入人员的人为错误。在数据按照要求录入完成后，台站应该建立一套简单的数据检查程序，对相关数据进行检查并记录问题。

（2）数据检验

数据检验是水分分中心对上交来的水分数据和元数据的准确性、完整性、一致性和代表性进行检查，并与野外台站进行沟通，对入库前的数据和元数据进行系统的梳理、标记、编辑等。最后完成所有数据和元数据的入库。

（3）数据评估

数据评估由水分分中心具体负责实施，主要根据质量目标要求，对规定的质量要素，包括完整性、准确性、一致性和代表性等进行定量评价，同时给出评估报告，上交综合中心。

3 陆地生态系统水环境观测数据质量要素与评价指标

3.1 水环境观测质量目标

CERN 水环境长期观测的质量目标是依据 CERN 水环境长期观测的内容和数据特点，针对监测的最终产品——水分数据，而设置的质量要求，是最终水分观测数据要达到的标准。CERN 水环境观测质量目标是 CERN 水环境观测所有质量管理活动的指导方针和依据。

CERN 水环境观测的质量总体目标是：严格执行 CERN 水环境长期观测规范的规定与要求，获得符合观测规范要求的完整、准确的水分观测数据，为科学研究和生态系统和环境监测服务。

3.2 质量要素与评价指标

3.2.1 CERN 质量要素体系

质量目标规定了质量获得的最终标准，为了在管理上具有可操作性，需要对质量目标进行分解，形成具体的质量要素，并对每一项质量要素提出量化指标，用于最终质量评估的依据。

诸多的有关数据质量规范的研究都认为，一个完整的质量要素由不同层次的质量维度体系构成。第一层规定质量要素的类别，第二层确定每类质量要素的质量维度，第三层则确定每个维度的质量评价量化指标和标准。

针对 CERN 监测的特点，CERN 数据质量要素体系的构建应该首先是对质量要素根据 CERN 监测和数据特点进行分类，然后根据每类质量要素确定其具体含义，明确针对的数据层次、质控控制措施（QA/QC）的阶段和内容等。

CERN 的质量要素类别可以分为五类：

（1）关于数据内容的质量要素。针对 CERN 水、土、气、生物监测数据本身质量管理的诸多质量要素。

（2）关于数据辅助信息的质量要素。数据的辅助信息，如各类元数据等，是数据共享的关键环节，其质量要求也要建立一套评价指标。

（3）关于数据展示的质量要素。数据的展示与发布质量涉及对数据项的定义、格式的清晰等内容。

（4）关于数据访问性的质量要素。主要从数据的可访问性、访问权限等方面探讨质量要求。

（5）满足特点用户需求的质量要素。CERN 监测数据用于不同科学研究目的的特殊需要，或其他公众、团体、政府部门等的特殊需要，所形成的特殊质量要求。

3.2.2 水环境观测数据主要的质量要素与评价指标

从 CERN 水环境观测和数据的角度构建质量要素体系，主要考虑与数据内容有关的质量要素和与数据辅助信息有关的质量要素。

与数据内容有关的质量要素可以包括数据的完整性、代表性、准确性、一致性、实用性、真实性、正确性、连续性和可比性等。它们从不同的方面对数据内容的质量进行约束。数据的完整性定义了数据内容的完整要求，代表性定义了数据产生的区域或样地特征的代表性，准确性指实际测量值与真实值的符合程度，是最普遍关注的质量要素，一致性对数据的单位、数据的产生方式等的一致性要求，实用性指数据集中的指标参数对于科学研究或生产实践具有应用价值，真实性要求数据是真实的观测值，正确性指数据未表现出明显的错误，包括数据的类型符合字段要求类型、数据的值未超出规定的值域范围等，连续性指观测指标、观测地点具有时间上的长期连续性，可比性要求不同生态站、不同年际间观测方法、时间等相同，保证数据可比。

与数据辅助信息相关的质量要素主要考虑数据的完整性和规范性，以便建立完整的元数据信息库，实现各类数据应用的功能，如检索、统计和排序等。CERN 元数据规范标准参考 CERN 其他的技术文件和出版物。

根据 CERN 水环境观测和水分数据的特点以及已经完成和实施的各种规范和标准，目前水环境观测数据主要考虑三个方面的质量要素：完整性、准确性、一致性。其他的质量要素随着监测和数据管理信息化与规范化的深化，将得到进一步完善。

由于水分监测指标是一个包含多个不同类型数据的指标体系，不同的数据的质量要素具体的量化指标根据数据的特点和监测规范的要求并不一样。这些量化指标和评价方法在第三篇中详细阐述。

第二篇
数据产生过程质量保证与质量控制

4　水环境观测场地管理质量保证与质量控制措施

4.1　场地管理的质量保证

在陆地生态系统水环境的长期观测中，长期观测场地设置的失误较之其他环节的失误给监测数据质量带来的误差往往要大得多，因此在制定质量保证计划时，首要的是根据长期观测目标和任务，确保长期观测和采样场地的合理设置，并制定质量控制措施。长期观测场地的质量保证就是要确保场地的典型性和代表性，确保场地的连续性和长期性。

长期观测和采样的场地管理质量保证基本要求包括：

（1）长期观测场地首先要根据生态类型和长期观测目的保证其典型性，即代表了生态水文过程的典型区域和典型地段。

（2）长期观测场地还应该有代表性，代表了所要观测和研究的区域重大问题和过程。

（3）为了长期观测的顺利实施，长期观测场地要求在交通上具有一定的通达性，能保证基本的交通便利。

（4）长期观测场地还要保证有基本的后勤保障，包括水、电设施，生活必需品的供应能力，对特定的观测需要有特定的后勤保障能力。

（5）要保证长期观测场地的样地和样方设计合理，严格按照规范要求设计观测采样样方。

（6）要制定专门的场地维护管理制度和维护程序，确保长期的正常维护。

（7）要定期对场地的典型性、代表性特征进行检查，对场地所在区域社会、经济活动的定期调查，在场地的代表性特征出现明显变化时，可以寻找新的地方增加开设新的代表性场地。

（8）要定期监测采样点的位置，通过 GPS 定位，确保采样点位置不要发生明显的变化。

（9）制定场地档案文档，记录场地随时间而发生的变化。

4.2　场地管理背景信息规范

观测场地信息是陆地生态系统水环境观测中非常重要的基础信息，所有的水环境观测数据都是一定位置的观测，而所在位置又都是含有一定目的和意义，这些对于数据的使用是必不可少的。对于水环境（包括水文过程和水化学过程）的观测，所需要的场地信息大致可以分为以下几类：

（1）台站信息

台站是指观测场地所属台站，台站信息包括台站名，行政区域，年平均温度，年降水量，自然地理背景等。

（2）流域信息

流域是指观测场地所在流域，这个流域的层次可以根据观测目的确定。流域信息包括流域名称，流域年平均温度，年平均降水量，流域自然地理背景，该流域所属的上一级流域名称，流域水循环特征（丰水期，枯水期，全年平均径流量，泥沙含量等）等。

（3）观测场地的空间关系信息

水环境的观测场地一般有多个，观测场地之间的空间关系主要指空间水文联系和空间位置差异信息。

（4）样地信息

样地是指观测仪器和设施直接观测的位置或者直接采样的位置，一般是一个小的场地。样地信息是场地信息中的核心部分，主要包括：

1）样地识别信息。包括样地代码，样地名称，地理位置和覆盖范围，样地监测目的等信息。

2）样地特征信息。包括面积，样地类型，土壤类型和母质，地形地貌（高程、坡度、坡向等），植被类型和特征，土地利用类型，水分状况，采样样方布局等信息。

（5）样地管理信息

样地管理信息主要是人类活动的干预和自然突发性的环境变化，包括轮作方式、播种/收获日期，灌溉/排水，农药化肥使用状况，种植与砍伐状况，特殊事件（洪水，病虫害，旱灾，人为干扰等）记录，气象统计状况（月平均气温，平均降水等），其他重要管理措施记录等。

4.3　场地维护的质量控制措施

CERN 台站在设置好长期观测采样地后，对场地的日常维护是确保场地质量的最关键环节，其他的场地维护与管理措施还包括建立规范的场地档案信息库，制定完整的场地变更规程，确保场地的连续性和一致性。

4.3.1　场地维护要求

场地维护要求可以分为一般要求和特殊要求，一般要求针对所有野外场地设施的共性问题，特殊要求则针对野外台站不同场地和野外设施的不同特征，制定特殊的要求。

（1）一般要求

1）野外场地和设施应设置明确的标牌，说明场地和设施的名称和作用；

2）野外场地和设施应设置明显的界碑，标明场地的范围；

3）在可能的情况下，应该在场地外围设置围栏保护场地安全；

4）场地和设施应制定定期的维护机制，设置专人执行定期维护工作，包括查看场地和设施的完好情况，野外设施的清洁维护等。

（2）特殊要求

场地维护的特殊要求针对场地的特殊性而定，如样地土壤水分的长期监测样地，一般都埋设有中子管，对中子管的需要有特定的维护措施，如每次观测前都应该检查中子管外露部分有无损坏，中子管外露部分的保护盖是否完好，在采集过程中判断深埋入土壤中的中子管是否有变形和损坏，如发现有问题存在，及时整改等。如森林生态系统研究站设置的地表径流观测设施的维护，则可以借鉴水力部门的相关标准和规范。

下面案例是策勒荒漠生态系统研究站制定的该站场地维护的具体细则，作为 CERN 不同台站确定自身场地维护的参考。

案例 4-1　CERN 策勒荒漠生态系统研究站场地维护管理方法

序号	采样地名称	定期维护与管理
1	策勒综合气象要素观测场中子管采样地	策勒站气象综合观测场采用稀疏的栏杆围栏，并有门上锁，专人每天进行观测并进行巡视，发现问题及时维护修整，定期检查中子管，是否埋设正常，加盖加锁，以免掉进杂物，影响测定，或者影响测定结果
2	策勒综合气象要素观测场 E601 蒸发采样地	策勒站气象综合观测场采用稀疏的栏杆围栏，并有门上锁，专人每天进行观测并进行巡视，发现问题及时维护修整，E601 水面蒸发系统，春季冰融化地面不再结冰以后开始观测，观测期间，及时加水，定期清洗，水面保持一定范围内，蒸发皿保持清洁，下载数据，检查供电状况
3	策勒综合气象要素观测场雨水采集器	策勒站气象综合观测场采用稀疏的栏杆围栏，并有门上锁，专人每天进行观测并进行巡视，发现问题及时维护修整，及时检查雨量筒口水平，清除瓶内杂物，降水时，测定降水量，保留水样，测定雨水的化学变化
4	策勒绿洲农田综合观测场中子管采样地（常规）	绿洲农田综合观测场进行正常的农事操作和管理，比如耕地、灌溉、施肥，收获等，并定期对生物、土壤进行监测，中子管埋设在观测场的中央，外面设有保护的铁质套管，并加盖加锁，经常检查中子管埋设，贴纸套管和锁盖完好，出现问题及时修缮
5	策勒绿洲农田综合观测场烘干法采样地（常规）	同上中子管采样地，烘干法采样地就在中子管采样地，在一个中子管的周围采集烘干法土壤含水量的土壤样品，若干次后更换另外的中子管进行
6	策勒绿洲农田井水观测点	在策勒站区内，四周由铁丝网围栏，策勒站绿洲农田综合观测场和气象综合观测场之间，避免人为和牲畜的干扰，井上加盖加锁，避免掉入杂物，仅用作采集水样，测定水位，不作他用
7	策勒绿洲农田辅助观测场中子管采样地（高产）	绿洲农田综合观测场进行正常的农事操作和管理，比如耕地、灌溉、施肥，收获等，并定期对生物、土壤进行监测，中子管埋设在观测场的中央，外面设有保护的铁质套管，并加盖加锁，经常检查中子管埋设，贴纸套管和锁盖完好，出现问题及时修缮
8	策勒绿洲农田辅助观测场中子管采样地（对照）	绿洲农田综合观测场进行正常的农事操作和管理，比如耕地、灌溉、施肥，收获等，并定期对生物、土壤进行监测，中子管埋设在观测场的中央，外面设有保护的铁质套管，并加盖加锁，经常检查中子管埋设，贴纸套管和锁盖完好，出现问题及时修缮
9	策勒绿洲农田辅助观测场中子管采样地（空白）	在策勒站区内，维持自然荒漠状态，不进行种植和管理，中子管埋设在观测场的中央，外面设有保护的铁质套管，并加盖加锁，经常检查中子管埋设，铁质套管和锁盖完好，出现问题及时修缮

序号	采样地名称	定期维护与管理
10	策勒荒漠综合观测场中子管采样地	尽管策勒站荒漠综合观测场是在策勒站区外面，但是四周有铁丝网围栏，不允许人为的干扰，比如砍伐和放牧，观测场的里面维持自然状态，中子管埋设在观测场的东北部区域，外面设有保护的铁质套管，并加盖加锁，经常检查中子管埋设，铁质套管和锁盖完好，出现问题及时修缮
11	策勒荒漠综合观测场烘干法采样地	烘干法采样地和上面的中子管采样地一样，烘干法采样也是在中子管采样地，在其中的一个中子管的周围采集烘干法土壤含水量的土壤样品，若干次后更换另外的中子管进行
12	策勒荒漠综合观测场井水观测点（井深30m）	在策勒站荒漠综合观测场内，周围建有铁丝网围栏，避免人为和牲畜的干扰，井上加盖加锁，避免掉入杂物，该观测井仅用作采集水样，测定水位，不作他用
13	策勒流动地表水水质监测长期采样点（策勒河）	自然河流，本站不用进行专门的维护和管理，定期进行采样即可，采样时注意水面的杂物污染
14	策勒静止地表水水质监测长期采样点（达玛沟水库）	策勒县建设的水库，为达玛沟乡农业用水和生活用水的主要水源地，专人看管，本站不用再去进行维护和管理，定期进行采样即可，采样时注意水面的杂物
15	策勒灌溉水井（井深80m）	灌溉用井，策勒站农田林带等灌溉和生活水源，建有井房，有门加锁，专人专门看管，无关人员不能靠近

4.3.2 场地档案信息规范

根据 CERN 的数据规范和水分数据的特点，水环境长期监测采样地的样地背景信息采用如下规范表格填写和存档：

水分观测采样地	样地名称	
	样地编码	
	观测项目（指明具体项目，如地下水水质、地下水水位等）	
	样地自然地理背景补充信息（若无补充信息，则填无）	
	样地选址说明	
	样地建立时间，准备观测年数	
	样地面积与形状（m×m）	
	样地关键点（中心点、左下角、右上角）经纬度描述	
	水分观测设施布置图及其编码说明（包括对该采样地中不同设施的均质性或异质性的说明）	
	水分观测采样方法说明（无水分采样则本项为空）	
	关联的水分数据表格代码（无水分采样则本项为空）	
观测场及其样地大事记		
备注		

4.3.3　场地区域背景信息调查

场地所处区域背景信息是影响场地水环境特征的重要因素，台站必须定期（一般每 5 年到每 10 年一次）对场地所处区域范围（小流域或特征明显的地理单元）进行背景信息的调查，这些调查内容根据 CERN 数据规范主要包括以下内容：

背景调查类别	调查内容
区域自然环境条件	水文、气象、地形地貌、植被、自然灾害
区域社会经济状况	人口、劳力、收入、各业产值、农业投入（机械动力、电力、化肥、农药、农膜）、土地利用、牲畜家禽
区域土壤状况	成土母质、土壤类型、土壤剖面发生层特点、质地、pH、Eh、代换量、盐基饱和度、有效养分、全量养分等
土壤生态环境状况	水土流失状况（土壤侵蚀类型、侵蚀分布面积、侵蚀模数）、沼泽化状况、盐渍化状况、土壤酸化状况
相关图件	地形图、土地利用图、行政区划图、土壤类型图、植被图

4.3.4　场地变更记录

根据 CERN 长期监测的目的，设置的野外长期观测采样地原则上不能变更。但是随着近年来我国经济大发展，野外台站设置的长期监测采样地受到多种因素的影响需要发生改变，影响长期监测的连续性。为尽量减少场地变更影响长期监测数据的一致性和有效性，场地变更需要进行严格的变更记录，作为保障数据质量的重要措施。

变更记录主要需要说明变更后的样地与原样地之间的关系和联系，说明变更的原因，并按照样地质量管理的要求完成所有背景信息的记录和调查，实施规范要求的质量控制措施。

5　水环境观测采样过程质量保证与质量控制措施

随着质量保证和质量控制工作的深入开展，水质监测分析过程中的质量保证措施越来越受重视，为了取得具有代表性、准确性、精密性、可比性和完整性的数据，应强调监测全程序的质量控制。因此，必须重视加强样品采集和前处理过程的质量保证措施，以进一步提高水质监测数据质量。

5.1　采样过程中的质量保证

欲使采集的样品具有代表性，应周密设计监测地点的采样断面、采样站位、采样时间、采样频率和样品数量，使分析样品的数据能够客观地表征水环境的真实情况，确保所采样品不仅代表原环境，而且应在采样及其处理过程中不变化、不添加、不损失。采集的样品必须满足运输方便、实验室易处理、能表征整体环境等条件。采样时应采取可行的措施，使样品中相关组分的比例和浓度与其在环境中的相同，在实验室分析之前组分不改变，保持采样时的相同状态。为此，需注意以下几方面：

（1）制定采样计划

采样计划是整个监测计划的重要部分，一般包括：

1）何地如何进行采样；

2）采样设备及其校验；

3）样品容器，包括清洗、加固定剂；

4）样品的取舍；

5）样品预处理程序；

6）分样程序；

7）样品记录；

8）样品贮存与运输；

9）质量保证与质量控制措施。

（2）明确采样程序

在设计采样程序时，应首先确定采样目的和原则。采样目的是决定采样地点、采样频率、采样时间、样品处理及分析技术要求的主要依据。采样程序主要包括：

1）确定采样目的和原则；

2）确定样品采集的时空尺度；

3）采样点的设置；

4）现场采样方法及质量保证措施。

（3）样品监管

样品的监管，即从样品采集到样品分析过程的完整性，样品的采集、分析应是可追踪的；对样品封条、现场记事本、监管记录和样品清单以及使用的程序等均有明确的要求；对不同阶段样品，保管人职责、采样人、现场监察负责人、交接人均有明确的职责。

5.2　采样过程中的质量控制措施

水样采集的质量控制目的是检验采样过程质量，防止样品采集过程中水样受到污染或发生变质，减小采样误差。采样误差来源包括 6 部分：①污染，包括采样设备和样品容器、样品间的交叉污染、样品的保存和不适当的贮藏及运输；②样品的不稳定性；③不正确的保存；④不正确的采样；⑤从分布不均匀的水体采样；⑥样品运输。

具体质量控制包括下述一种或多种技术手段：①采集重复的质量控制样品检验精密度；②采集现场空白样，检验样品是否受到污染；③做加标回收样，评估样品在运输和贮藏过程中的稳定性。

5.2.1　平行样品

现场平行样是指在同等采样条件下，采集平行双样送实验室分析，测定结果可反映采样及实验室测定的精密度。在实验室精密度受控的条件下，可以反映采样过程的精密度变化情况。

平行样品能够评价不同采样过程的随机误差，包括：①分析误差，重复分析在实验室准备的同一个样品，能够估计出短期的分析误差；②分析与二次分样/转移的误差，分析采集于现场的平行双样（B1 和 B2），数据之间的差异能够估计出分析加采样的误差，这种差异包括贮存引起的误差，但不包括现场采样设备引起的误差；③分析与采样的误差，分析分别独立采集的样品（A1 和 A2），能够估计出采样和分析整个过程的误差。平行样品质量控制技术见图 5-1。

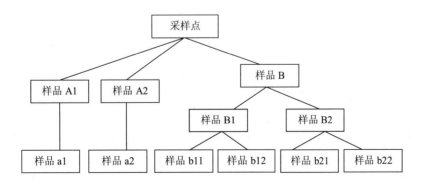

图 5-1　平行样品质量控制技术

A1 和 A2 的差异能够估算出包括现场采样、采样设备和容器、贮存和分析等整个采样和分析过程的误差。与 A1 和 A2 相比，B1 和 B2 的差异已经排除了现场采样设备引起的误差。对于同一个样品进行双份或多份平行样测定，如 b11、b12 和 b21、b22，它们之间的差异可以估算出分析的精密性。

5.2.2 现场空白和加标样

现场空白是指在采样现场以纯水做样品，按照测定项目的采样方法和要求，与样品相同条件下装瓶、保存、运输直到送交实验室分析。现场空白样所用的纯水，其制备方法及质量要求与室内空白样纯水相同。纯水应用洁净的专用容器，由采样人员带到采样现场，运输过程应注意防止沾污。

现场加标样是取一组现场平行样，将实验室配制的一定浓度的被测物质的标准溶液，等量加入到其中一份已知体积的水样中，而另一份不加标，然后按样品要求处理，送实验室分析。将测定结果与实验室加标样对比，掌握测定对象在采样、运输过程中变化状况。现场使用的标准溶液与实验室使用的为同一标准溶液。现场加标操作应由熟练的质控人员或分析人员担任。

通过现场空白样可以确定样品是否受到污染，这种污染往往由采样容器污染引起，或者是在采样过程中引入，使用空白样还可以了解样品过滤等操作引起的误差。利用加标样对各种误差进行判定也是一种非常有效的质量控制技术，除了可以判定上述提到的各种系统误差外，还可以确定由于蒸发、吸附、生物等因素作用引起样品不稳定所产生的误差。例如，在实验室将 1 个去离子水样等分为 A 和 B 两个样，A 样保存在实验室，B 样带到采样现场后再等分为 b1、b2 和 b3，其中，b1 像现场采样一样用现场采样容器分装，b2 则保留在原容器中，最后将样品带回实验室分析，b3 加入已知浓度的目标化合物后，再分装成两个样 b31 和 b32，b31 像现场采样一样用现场采样容器分装，b32 则保留在原容器中，最后将样品带回实验室分析。空白样和加标样质量控制技术见图 5-2。

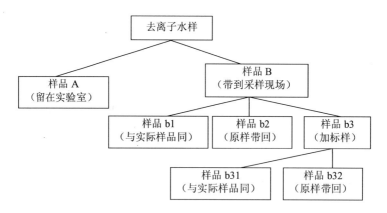

图 5-2　空白样和加标样质量控制技术

比较 A 样和 b1 样的分析结果，可以确定从样品采集、保存到运输整个过程引起的误差；比较 A 样和 b2 样的分析结果，可以确定样品运输过程引起的误差；比较 A 样和 b32 样的分析结果，可以确定样品不稳定、污染和运输过程引起的误差；比较 A 样和 b31 样的分析结果，可以确定样品采集整个过程引起的误差；比较 b1 样和 b2 样的分析结果，可以确定采样容器污染或者样品采集过程中其他操作引起的误差；比较 b2 样和 b32 样的分析结果，可以确定样品不稳定和污染引起的误差；比较 b31 样和 b32 样的分析结果，可以确定采样容器污染或者样品采集过程中其他操作引起的误差。除了用去离子水样加标的方式，还可用实际环境样品加标的方式进行质量控制工作。

5.2.3　采样设备和材料的防沾污

采样设备和材料防沾污应采取以下措施：

（1）样器、样品瓶等均须按规定的洗涤方法洗净，按规定容器分装测样；

（2）现场作业前，应先进行保存试验和抽查器皿的洁净度；

（3）用于分装有机化合物的样品容器，洗涤后用 Teflon（泰氟隆）或铝箔盖内衬，防止污染水样；

（4）采样人员手应保持清洁，采样时，不能用手、手套等接触样品瓶的内壁和瓶盖；

（5）样品瓶应防尘、防污、防烟雾和污垢，应置于清洁环境中；

（6）过滤膜及其设备应保持清洁，可用酸和其他洗涤剂清洗，并用洁净的铝箔包藏；

（7）消毒过的瓶子应保持无菌状态直至样品采集；

（8）外界金属物质不能与酸和水样接触。

5.3　样品管理的质量保证与质量控制

采样人员必须经过采样技术、采样保存、处置和贮存方式的技术培训，并且掌握样品的质量保证措施。野外采样和样品分装坚持现场记录和电脑录入保存的两套记录数据，并由专人负责整理归档。若样品编号过长，而所用标签不宜记录时，可以灵活对应编排标签编号，在记录中要对应记录下样品编号和标签编号。

5.3.1　采样容器的选择

5.3.1.1　容器的材料

选择样品容器时应考虑到组分之间的相互作用、光分解等因素，应尽量缩短样品的存放时间，减少对光、热的暴露时间等。还应考虑容器适应温度急剧变化、抗破裂性、密封性能、体积、形状、质量、价格、清洗和重复使用的可行性等。

除了上述要求的物理特性外，选择采集和存放样品的容器，尤其是分析微量组分，应该遵循下述准则：

（1）制造容器的材料应对水样的污染降至最小，例如玻璃（尤其是软玻璃）溶出无机组分和从塑料及合成橡胶溶出有机化合物及金属（增塑的乙烯瓶盖衬垫、氯丁橡胶盖）。

（2）清洗和处理容器壁的性能，以便减少微量组分，例如重金属或放射性核素对容器表面的污染。

（3）制造容器的材料在化学和生物方面具有惰性，使样品组分与容器之间的反应减到最低限度。因待测物吸附在样品容器上也会引起误差。尤其是测痕量金属，其他待测物（如洗涤剂、农药、磷酸盐）也可引起误差。

5.3.1.2　采样容器的种类

测定天然水的理化参数，使用聚乙烯和硼硅玻璃进行常规采样。常用的有多种类型的细口、广口和带有螺旋帽的瓶子，也可配软木塞（外裹化学惰性金属箔片）、胶塞（不适用有机、生物分析）和磨口玻璃塞（碱性溶液易粘住塞子），这些瓶子易于购买。如果样品装在箱子中送往实验室分析，则箱盖必须设计成可以防止瓶塞松动，防止样品溢漏或污染。

一些特殊样品的容器选择应注意：

（1）光敏物质样品的容器

除了上面提到需要考虑的事项外，一些光敏物质，包括藻类，为防止光的照射，多采用不透明材料或有色玻璃容器，而且在整个存放期间，它们应放置在避光的地方。

（2）可溶气体或组分样品的容器

在采集和分析的样品中含溶解的气体，曝气会改变样品的组分。细口生化需氧量瓶有锥形磨口玻璃塞，能使空气的吸收减小到最低限度。在运送过程中要求特别的密封措施。

（3）微量有机污染物样品的容器

一般情况下，使用的样品瓶为玻璃瓶。所有塑料容器干扰高灵敏度的分析，对这类分析应采用玻璃或聚四氟乙烯瓶。

（4）检验微生物样品的容器

用于微生物样品容器的基本要求是能够经受高温灭菌。如果是冷冻灭菌，瓶子和衬垫的材料也应该符合本准则。在灭菌和样品存放期间，该材料不应该产生和释放出抑制微生物生存能力或促进繁殖的化学品。样品在运回实验室到打开前，应保持密封，并包装好，以防污染。

5.3.2　样品保存

采样后应立即对每份 250ml 的水样和现场空白进行 5 份（50ml/份）的分装处理，根据测定指标选择适宜的保存方法（如冷藏、加入保存剂等）并进行详细记录和编号重排：

（1）用硫酸酸化至 pH<2，用于测定总氮、总磷、氯化物、硝酸盐等；

（2）滴加高纯浓硝酸至 pH<2，用于仪器分析钾、钠、钙、镁离子；

（3）过滤，用于测定矿化度、磷酸根离子、硫酸根离子；

（4）用玻璃碘量瓶分装，用于测定化学需氧量和水中溶解氧；

（5）原液，用于测定 pH 值、碳酸根离子和重碳酸根离子。

其中，pH 值、碳酸根离子、重碳酸根离子、磷酸根离子、硝酸根离子、水中溶解氧、总氮保证当天测定，其他指标也应在一两天内尽早测定。

分装后样品在低于 5℃条件下冷藏保存，由专人专车立即送外固定的实验室进行分析。运输过程中防震、避免光照和防止运输过程中的二次污染。采样、运输和实验室交接全过程尽量保证一人全程陪同，方便做好样品的交接工作，验收无误后在记录表上签字。

5.3.3　样品运输

空样品容器运送到采样地点，装好样品后运回实验室分析，都要非常小心。包装箱可用多种材料——如泡沫塑料、波纹纸板等，以使运送过程中样品的损耗减少到最低限度。包装箱的盖子，一般都衬有隔离材料，用以对瓶塞施加轻微的压力。气温较高时，为防止生物样品发生变化，应对样品冷藏防腐或用冰块保存。

进行样品运输时，需注意以下几点：

（1）不得将现场测定后的剩余水样作为实验室分析样品送往实验室；

（2）水样装箱前应将水样容器内外盖盖紧，对装有水样的玻璃磨口瓶应用聚乙烯薄膜覆盖瓶口并用细绳将瓶塞与瓶颈系紧；

（3）同一采样点的样品瓶尽量装在同一箱内，与采样记录逐件核对，检查所采水样是否已全部装箱；

（4）装箱时应用泡沫塑料或波纹纸板垫底和间隔防震。有盖的样品箱应有"切勿倒置"等明显标志；

（5）样品运输过程中应避免日光照射，气温异常偏高或偏低时还应采取适当保温措施；

（6）运输时应有押运人员，防止样品损坏或受沾污。

5.3.4　样品交接

样品送达实验室后，由样品管理员接收并对样品进行检查，包括样品包装、标志及外观是否完好，样品名称、采样地点、样品数量、形态是否与采样记录单一致，核对保存剂加入情况等。若发现样品有异常，或对样品是否适合监测有疑问时，样品管理员应及时向送样人员或采样人员询问，记录有关说明及处理意见。样品管理员确定样品唯一性编号，将样品唯一性标识固定在样品容器上，进行样品登记，并由送样人签字。样品管理员完成样品符合性检查、标识和登记后，应尽快通知实验室分析人员领样。

案例 5-1　水样品登记表

样品名称	编号	采样点名称	采样时间	添加保存剂种类和数量	监测项目

采样容器	样品保存温度/℃	现场空白/个	运输空白/个	现场平行样/个	现场加标样或质控样/个

5.3.5　样品贮存

应设样品贮存间，用于进站后测试前及留样样品的存放，两者需分区设置，以免混淆。

样品贮存间应设置冷藏柜，以贮存对保存温度条件有要求的样品。必要时，样品贮存间应配置空调。样品管理员负责保持样品贮存间清洁、通风、无腐蚀的环境，并对贮存环境条件加以维持和监控。

地下水样品变化快、时效性强，监测后的样品均留样保存意义不大，但对于测试结果异常样品、应急监测和仲裁监测样品，应按样品保存条件要求保留适当时间。留样样品应有留样标识。

5.3.6　样品标识

（1）样品唯一性标识由样品唯一性编号和样品测试状态标识组成。各监测站可根据具体情况确定唯一性编号方法。唯一性编号中应包括样品类别、采样日期、监测井编号、样品序号、监测项目等信息。

样品测试状态标识分"未测"、"在测"、"测毕"3 种，应分别以不同的图形表示加以区分。样品初始测试状态"未测"标识由样品管理员标识。

（2）样品唯一性标识应明示在样品容器较醒目且不影响正常监测的位置。

（3）在实验室测试过程中由测试人员及时做好分样、移样的样品标识转移，并根据测试状态及时做好相应的标记。

（4）样品流转过程中，除样品唯一性标识需转移和样品测试状态需标识外，任何人、任何时候都不得随意更改样品唯一性编号。分析原始记录应记录样品唯一性编号。

5.3.7　样品管理的 QA/QC

5.3.7.1　样品瓶清洗

样品瓶在第一次使用前需用 10%（体积分数）盐酸或硝酸溶液浸泡 24h，用自来水洗至中性，再用去离子水（EC 值在 25℃时应小于 0.15mS/m，）冲洗多次，然后加少量去离子水振摇，用离子色谱法检查水中的 Cl^- 含量或测其 EC，若 Cl^- 含量低于仪器检出限或 EC 值小于 0.15mS/m，即为合格。将样品瓶倒置晾干后盖好，保存在清洁的橱柜内。

5.3.7.2　样品运输

为保持样品的化学稳定性，应尽量减少运输时间，并保证样品在运输期间处于低温状态（3～5℃），或用防腐剂保存样品。在样品运送过程中，应避免样品溢出和污染。

5.3.7.3　样品保存的空白实验

每月均做两个空白样品以检验样品的管理情况。方法如下：取两个样品瓶装入去离子水，与水样进行同步处理（放入冰箱或加防腐剂、同步运输等），同时进行离子组分的分析，其分析结果应与分析去离子水相同。否则，应检查去离子水是否合格、样品瓶的清洗是否达到要求、样品瓶盖是否严密等。

5.4　监测点的设置

5.4.1　降水监测点的设置

监测点位的选择应有代表性，要考虑到点位附近土地使用情况基本不变。还应考虑点位周围地形特征、土地使用特征及气象状况（如年降水量和主导风向）。具体要求如下：

（1）测点不应设在受局地气象条件影响大的地方，例如：山顶、山谷、海岸线等。

（2）受地热影响的火山地区和温泉地区、石子路、易受风蚀影响的耕地、受到与畜牧业和农业活动影响的牧场和草原等都不适于选做监测点。

（3）监测点不应受到局地污染源的影响。

（4）监测点的选择应适于安放采样器，能提供采样器使用的电源，便于采样器的操作及维护。

（5）郊区点除满足上述（1）～（4）项外，还应注意不要受大量人类活动的影响（如城镇），不受工业、排灌系统、水电站、炼油厂、商业、机场及自然资源开发的影响；距大污染源20km以上；距主干道公路（500辆/d）500m以上；距局部污染源1km以上。

（6）远郊点应位于人为活动影响甚微的地方，除满足上述（1）～（5）项外，还应距主要人口居住中心、主要公路、热电厂、机场50km以上。

5.4.2　地下水采样点的设置

地下水监测以监测区用于灌溉和饮用的井水、泉水水源为主，应尽可能利用各水文单元中原有的水井（包括机井）。还可对深层地下水（也称承压水）的各层水质进行监测。其岩裂隙水着重对出露的泉水监测。

地下水采样点的布设原则：

（1）选择在环境水文地质条件、区域化学特征、地下水开采有代表性的井、泉位；

（2）选择在生产、生活方面应用较多的井、泉位；

（3）选择在背景及污染类型方面有代表性的井、泉位；

（4）对历史上使用过而现在已不再利用的废井可做参考选用；

（5）对人为补给的回灌井，要在回灌前后分别采样监测水质变化情况。

5.4.3　地表水采样点的设置

5.4.3.1　流动地表水采样点的布设

采样断面的布设

河流水质变化小、污染源对水体影响不大的较清洁河段，可设河流背景采样断面和采样点。背景断面须能反映水系未污染时的背景值。要求：

（1）基本上不受人类活动的影响。远离居民区、农药化肥施用区及主要交通路线，避开工业污染源、农业回源水和生活污水的排放口；

（2）原则上应设在水系源头处或未受污染的上游河段，如区域地质异常，则要在上、下游分别设置；

（3）如有较严重的水土流失情况，则设在水土流失区的上游；

（4）尽可能布设在交通线的上游。

为掌握污染源对水体水质的影响，可在排污区下游设置河流污染的控制断面及采样点。控制断面的设置原则是：

（1）距城镇人口密集区生活污水或工业污水及农田污水及农田回源水等污水排放口有一定距离的下游河段；

（2）较大支流汇合口上游和汇合后与干流充分混合的地点；入海河流的河口处；受潮汐影响的河段和严重水土流失区；

（3）站区重大水利设施处、饮用水源、水产资源集中的水域及风景游览区等水域。

案例 5-2　鹤山森林站流动地表水采样地的布设*

鹤山站主要受西江和潭江水系的共同影响，主要影响水系是潭江水系。站区主要地形以低山丘陵为主，周边 30 km 范围内没有此两大水系的支流，其海拔高度也高于两大水系。站区处于珠江三角洲的边缘，人类活动、干扰比较严重，周边环境污染比较严重，地表水采样点的布设也相对比较困难。站的地表水的监测主要是反映站区周边环境的改变对站区地表水质造成的长期影响，采样地设在站区主要集流出口的上游林果草集水区的出水口位置。

采样点的布设及布点数目

在一个采样断面上，水面宽为 50～100 m 时，应设两条采样垂线（近左、右岸有明显水流处各设一条垂线）；水面宽大于 100 m 时，应设三条垂线（中泓设一条，近左、右岸各一条）；水面宽小于 50 m 时，只设中泓一条垂线。垂线布设应避开污染带（要测污染带应另加垂线）。能证明该断面水质均匀时，可仅设中泓垂线。

在同一点位垂线上的采样点数的设置可参见表 5-1。

表 5-1　采样垂线上的采样点数的设置

水深	采样点数	说明
≤5 m	上层一点	1. 上层指水面下 0.5 m 处，水深不足 0.5 m 时，在水深 1/2 处
5～10 m	上、下层各一点	2. 下层指水底以上 0.5 m 处
>10 m	上、中、下层各一点	3. 中层指 1/2 水深处 4. 封冻时在冰下 0.5 m 处采样，水深不到 0.5 m 处时，在水深 1/2 处采样

5.4.3.2　静止地表水采样点的布设

采样断面的布设

静止地表水采样断面的布设需根据环流大小和数目、入湖河流的流向及汇入特征来布设。对于那些水文动力学资料缺乏或情况特殊的湖（库）、池沼，应采用网格式布点或断面式布点。

（1）在湖泊、水库的主要出入口，断面布设同 5.4.3.1；

（2）湖泊、水库的中心区，沿水流方向及滞留区，应分别设置采样断面；

（3）沿湖、库四周有较大排污区、风景游览区、排灌站、游泳场、饮用水水源等功能区，在其辐射线上设置断面；

---

* 林永标

（4）湖（库）中不同鱼类的洄游产卵区应设断面；

（5）营养湖（库）或潜在营养湖（库）的关键位置，或水质制约水域的关键位置，应增设采样断面。

垂线点位的布设

在湖（库）中由于温度变化，往往在深度方向存在循环过程或垂直分层现象，特别是在夏季和冬季，较深的湖常常出现温跃层，因此在湖泊水的理化性质观测时，深度方向的采样分析是不容忽视的。在垂向布点时，应首先了解其垂向变化趋势。在湖泊的同温季节，垂向采样可以简化。

湖（库）采样垂线及采样点的设置见表 5-2。

表 5-2　湖（库）监测垂线采样点的设置

水深	分层情况	采样点数	备注
≤5m		1	水面下 0.5m 处
5～10m	不分层	2	水面下 0.5m，水底上 0.5m
5～10m	分层	3	水面下 0.5m，1/2 斜温层，水底上 0.5m 处
>10m		>3	除水面下 0.5m，水底上 0.5m 处外，按每一斜温分层 1/2 处设置

注　1. 分层是指湖水温度分层状况。

　　2. 水深不足 1m，在 1/2 水深处设置测点。有充分数据证实垂线水质均匀时，可酌情减少测点。

5.5　降水采样质量保证与质量控制措施

5.5.1　降水采样

湿沉降采样宜选用自动采样器，如不能用自动采样器，可用手动采样器替代。

5.5.1.1　自动采样器

湿沉降自动采样器的基本组成是接雨（雪）器、防尘盖、雨传感器、样品容器等。防尘盖用于盖住接雨器，下雨（雪）时自动打开。自动采样器应满足以下条件：

（1）采样器的外观设计合理，下雨时落在防尘盖或仪器其他部位上的雨滴不会溅入接雨器内；

（2）传感器最低能感应到的降雨（雪）强度为 0.05mm/h 或不小于 0.5mm 直径的雨滴；

（3）传感器应该有加热装置以防止雾、露水启动采样器，并融化雪和蒸发残留的湿沉降物；

（4）传感器的高度与采样筒的高度一致；为防止鸟落在传感器表面引起误动作，其上面应竖一针状金属物；

（5）防尘盖必须在降雨（雪）开始 1min 内打开，在降雨（雪）结束后 5min 内关闭；

（6）防尘盖内沿应加由惰性材料制成的垫子以防对样品造成污染；未降雨时防尘盖和接雨（雪）器之间要封闭严密，防止大气和气溶胶对样品的影响；

（7）接雨（雪）器和样品容器应由惰性材料制成，如聚乙烯、有聚四氟乙烯涂层的金属等；且易于清洗；

（8）接雨（雪）器的口径应不小于 20 cm（直径）。对于雨量偏小的地区，宜使用接雨器口径较大的采样器；

（9）如果样品由接雨（雪）器流入样品容器，则连接接雨（雪）器和样品容器之间的管子应由惰性材料制成，如聚乙烯、尼龙、聚四氟乙烯硅管等；

（10）样品容器体积应足够大，采样时遇到当地最大日降雨量也不会有样品溢出；

（11）采样器对电源的适应性强，在 180～250 V 电压范围内能正常工作；

（12）采样器能在当地极端气候条件下正常工作；采样器正常工作时，不会有漏电、短路等现象；

（13）采样器的机械运转灵活，其内部的电机、传动机构、防尘盖等部件，必须材质好、精度高、配合紧密。

湿沉降采样器的设置应保证采集到无偏向性的试样，应设置在离开树林、土丘及其他障碍物足够远的地方。宜设置在开阔、平坦、多草、周围 100 m 内没有树木的地方。也可将采样器安在楼顶上，但周围 2 m 范围内不应有障碍物，具体的安放标准如下：

（1）采样器与其上方的电线、电缆线等之间的距离应保证不影响试样的采集；

（2）较大障碍物与采样器之间的水平距离应至少为障碍物高度的两倍，即从采样点仰望障碍物顶端，其仰角不大于 30°；

（3）若有多个采样器，采样器之间的水平距离应大于 2 m；

（4）采样器应避免局地污染源的影响，如废物处置地、焚烧炉、停车场、农产品的室外储存场、室内供热系统等，距这些污染源的距离应大于 100 m；

（5）采样器周围基础面要坚固，或有草覆盖，避免大风扬尘给采样带来影响；

（6）干湿接样器应处于平行于主导风向的位置，干罐处于下风向，使湿罐不受干罐的影响；

（7）采样器应固定在支撑面上，使接样器的开口边缘处于水平，离支撑面的高度大于 1.2 m，以避免雨大时泥水溅入试样中。

案例 5-3　CERN 水分分中心湿沉降仪仪器说明书

仪器名称：降水降尘自动采样器（品牌型号：长沙湘蓝科学仪器有限公司 APS-3A 型）

一、主要功能特点

1. 具有采集降水和降尘功能。

2. 微型打印机现场打印数据。也可通过显示器人工采集数据。

3. 具有仪器故障自检，掉电数据保护以及时钟功能。

4. 具有采集混合样和分段样两种模式。设置 L_0 每天采一个混合样，7 d 为一个采样周期。L_1 分段采样，连续降雨每天最多能采 8 个水样。

5. 冰箱制冷（3～5℃）保存样品。

6. 自动记录降水起止时间，降水次数，降水总时间以及降雨量，共可存储 32 个周期数据（7 d 一个周期，每天可存 40 场次降水数据）。

7. 具有降水采集过滤装置。

二、技术指标

1. 采样高度：1.4 m

2. 降水降尘收集器直径：降水：ϕ300 mm，降尘ϕ150 mm。

3. 梳状雨水传感器，具有加热装置，其灵敏度4挡可调（mm/h）：L_1: 0.02；L_2: 0.04；L_3: 0.1；L_4: 0.2。

4. 滑板开（关）动作方式：平移，运行时间：≤10 s；采水桶上（下）运行时间：≤15 s。

5. 关门延时间隔5挡可调：J_0: 5 min；J_1: 10 min；J_2: 15 min；J_3: 20 min；J_4: 25 min。

6. 每瓶采样量：70～840 ml可调，F_n对应$n×70$ml（n=1、2、…、12）。

7. 采样瓶容量：1000 ml/个，数量：8个。

8. 标配联机SL3-1型标准雨量计，精度：0.1 mm；误差：降雨强度≤4 mm/min时，±0.4 mm；降雨强度＞4 mm/min时，±4%。

9. 交直流两用：交流220 V±10%，50 Hz；直流12 V。

10. 仪器功率：＜40 W。

11. 冰箱功率：100 W，冷藏室温度：3～5℃。

12. 材料：机壳不锈钢喷塑；集雨漏斗和收集容器：聚乙烯。

13. 体积：长×宽×高（mm）：845×600×1 385。

14. 重量：80 kg。

15. 仪器满足中华人民共和国环境保护行业标准《降雨自动采样器技术要求及检测方法》（HJ/T 174—2005）技术要求。

三、配置

主机、微型打印机、联机标准雨量计、内置冰箱。

5.5.1.2 手动采样器

对于没有自动采样器的监测点，可进行手动采样。手动采样器一般由一只接雨（雪）的聚乙烯塑料漏斗、一个放漏斗的架子、一只样品容器（聚乙烯瓶）组成，漏斗的口径和样品容器体积大小与自动采样器的要求相同；也可采用无色聚乙烯塑料桶采样，采样桶上口直径及体积大小与自动采样器的要求相同。

5.5.1.3 雨（雪）量计

在采集降雨（雪）的同时还需要进行降雨（雪）量的观测，以便计算出应采样品的量。雨（雪）量计安装在采样器旁固定架子上，距采样器距离不小于 2 m，器口保持水平，距地面高 70 cm。冬季积雪较深地区，应备有一个较高的备份架子，当雪深超过 30 cm 时，应把仪器移至备份架子上进行观测。其他注意事项和用法详见仪器使用说明书。

5.5.2 降水采样时间和频率

下雨时，每24 h采样一次。若一天中有几次降雨（雪）过程，可合并为一个样品测定；若遇连续几天降雨（雪），则将上午9：00至次日上午9：00的降雨（雪）视为一个样品。

5.5.3 降水采样记录

采样后应立即对样品进行编号和记录，具体内容如下：

（1）采样点名称；

（2）样品编号；

（3）采样开始日期，结束日期，开始时间，结束时间；

（4）样品体积或者重量；

（5）湿沉降类型（雨、雪、冻雨、冰雹）；

（6）降雨（雪）量；

（7）样品污染情况（明显的悬浮物、鸟粪、昆虫）；

（8）采样设备情况（运转正常/不正常）；

（9）当时的气温、风向；

（10）采样人员临时观察到的情况（意外的环境问题、车辆活动）；

（11）监测点状况（监测点周围是否有异常，是否有新增的局地污染源等）；

（12）其他（不寻常情况、问题、观测等）；

（13）采样人员签名。

样品记录应连同样品一起送到分析实验室。

案例 5-4　降水采样记录表

生态试验站：＿＿＿＿＿＿＿＿＿＿＿＿＿＿＿＿＿＿＿＿＿＿

样地名称：＿＿＿＿＿＿＿＿　样地编码：＿＿＿＿＿＿＿＿＿＿

样地地点：＿＿＿省＿＿＿县（市）＿＿镇（乡）＿＿＿站（村）＿＿＿＿

日期：＿＿＿＿＿＿＿

气象参数	大气	气温/℃	风向	风速/（m/S）	气压/kPa	相对湿度/%
降水开始时间	（　）日（　）时（　）分			降水结束时间	（　）日（　）时（　）分	
采样开始时间	（　）日（　）时（　）分			采样结束时间	（　）日（　）时（　）分	
收集桶编号		收集桶总数		样品体积或重量	（　）L 或（　）kg	

采样点	编号	采样时间	现场记录		
			温度/℃	pH	电导率/（μS/cm）

仪器准确度		标准物质真值	测量值 1	测量值 2	测量值 3
	pH				
	电导率				

样品污染状况	明显的悬浮物（　）鸟粪（　）昆虫（　）		
备注	采样人员临时观察到的情况（意外的环境问题、车辆活动等）： 监测点状况（监测点周围是否有异常，是否有新增的局地污染源等）： 其他（不寻常情况、问题、观测等）		
采样人		记录人		校对人	

交接记录

送样人		接样人		交接时间	

5.5.4　样品采集的基本步骤

（1）洗净晾干后的接雨（雪）器安在自动采样器上，如连续多日没下雨（雪），则应3～5d清洗一次。如果是手动采样，则应将清洗后的接雨（雪）器放在室内密闭保存，下雨（雪）前再放置于采样点；如接雨（雪）器在采样点放置2h后仍未下雨（雪），则需将接雨（雪）器取回重新清洗后方可再用于样品采集。

（2）雨（雪）后将样品容器取下，称重；去除样品容器的重量后得样品量，与同步监测的降雨（雪）量进行比较。

（3）取一部分样品测定EC和pH，其余的过滤后放入冰箱保存，以备分析离子组分。如果样品量太少（少于50g），则只测EC和pH。

（4）将接雨（雪）器和样品容器洗净晾干，以备下一次采样用。

如果采样点距离分析实验室较远，可考虑在采样点附近设立一简单小型的工作间，上述操作均可在工作间完成。此外，样品保存的时间不可太久，从采样到分析，以10d左右为宜，原则上不超过15d。

5.5.5　湿沉降采样的QC/QA要求

为确保采样的质量，要求：

（1）每月进行一次实际的平行采样与分析，各项分析结果的偏差不应大于10%。

（2）样品量根据接雨（雪）器的口径换算成降雨量，将降雨（雪）量的计算值与雨量计的测量值进行比较，计算值应在测量值的80%～120%。

（3）应有专人负责检查各采样点的采样器，包括接雨（雪）器、样品容器、管道等是否按规定清洗干净。检查方法：用200ml已测EC值（λ_1）的去离子水清洗接雨（雪）器、样品容器、管道等，然后再测其清洗液的EC值（λ_2）。要求：（$\lambda_2-\lambda_1$）/$\lambda_1<50\%$；同时检查去离子水质量，要求EC值<0.15mS/m。

（4）称样的天平应按规定定期送当地计量部门检定，在现场测量样品重量前，应用已知重量砝码校正天平，或者使用自动可调整精度天平。

（5）定期检查湿沉降自动采样器运转是否正常，主要确保传感器和连动盖子的开启应达到要求；同时检查雨传感器的加热部分是否正常。

（6）随时注意检查监测点周围发生的变动情况，如新的污染源、建筑工地等；做好记录，及时上报。

（7）手动采样时应确保降雨（雪）时及时放置接雨装置，雨（雪）停后及时取回雨（雪）样，以防干沉降对湿沉降样品的影响。

（8）采样记录应完整、准确。

5.6 地下水采样保证与质量控制措施

5.6.1 采样频次和采样时间

地下水的采样时间原则上为 1、4、7、10 月各 1 次，采样前用抽水泵抽取一次井水。先用便携式仪器放入地下水井中，探头放入水中，测定现场需要测定的项目。再用地下水洗涤塑料瓶 2～3 次，进行采样。具体采样方法可参考《陆地生态系统水环境观测规范》一书第 3 篇观测方法部分。

取样时应对水样进行现场描述，描述内容包括：水位、井深、水温、色度和嗅味等。

采样后及时将新样品编号，并记录相关数据于《地下水采样记录表》，注明采样人。

5.6.2 采样技术

5.6.2.1 采样前的准备

（1）确定采样负责人

采样负责人负责制定采样计划并组织实施。采样负责人应了解监测任务的目的和要求，并了解采样监测井周围的情况，熟悉地下水采样方法、采样容器的洗涤和样品保存技术。当有现场监测项目和任务时，还应了解有关现场监测技术。

（2）制定采样计划

采样计划应包括：采样目的、监测井位、监测项目、采样数量、采样时间和路线、采样人员及分工、采样质量保证措施、采样器材和交通工具、需要现场监测的项目、安全保证等。

（3）采样器材与现场监测仪器的准备

采样器材主要是指采样器和水样容器。

A．采样器

地下水水质采样器分为自动式和人工式两类，自动式用电动泵进行采样，人工式可分活塞式与隔膜式，可按要求选用。

地下水水质采样器应能在监测井中准确定位，并能取到足够量的代表性水样。

采样器的材质和结构应符合表 5-3 中的规定。

表 5-3 采样容器材质、洗涤及水样保存技术

测定项目	容器材质	保存方法	最长保存时间	容器洗涤
pH 值	P、G	低于水体温度 2～5℃冷藏 最好现场测定	6h	I
溶解氧（电极法）	G	现场测定		I
溶解氧（碘量法）	G	加硫酸锰和碱性碘化钾试剂现场固定	4～8h	I

测定项目	容器材质	保存方法	最长保存时间	容器洗涤
钙、镁离子	P、G	加硝酸酸化至 pH<2	6个月	II
钾、钠离子	P	1 L 水样中加浓硝酸 10 ml	14 d	II
碳酸盐	P、G	2～5℃冷藏 最好现场测定		I
重碳酸盐	P、G	2～5℃冷藏 最好现场测定		I
硫酸盐	P、G	2～5℃冷藏	28 d	I
氯化物	P	2～5℃冷藏	28 d	I
硝酸盐	P、G	加硫酸酸化至 pH<2 2～5℃冷藏	24 h	I
磷酸盐	P、G		24 h	III
总氮	P、G	加硫酸酸化至 pH<2	24 h	I
总磷	P、G	加硫酸酸化至 pH<2 2～5℃冷藏	数月	I
氨氮	P、G	加硫酸酸化至 pH<2	24 h	I
硝酸盐氮	P、G		24 h	I
矿化度	P、G	过滤，2～5℃冷藏 尽早测定		I
化学需氧量	P、G	加硫酸酸化至 pH<2 2～5℃冷藏，尽早测定	7 d	I

注：P——塑料，G——硼硅玻璃。

　I：洗涤剂洗 1 次，自来水洗 3 次，蒸馏水洗 1 次；

　II：洗涤剂洗 2 次，自来水洗 2 次，（1+3）HNO_3 水溶液荡洗 1 次，自来水洗 3 次，蒸馏水洗 1 次；

　III：铬酸洗液洗 1 次，自来水洗 3 次，蒸馏水洗 1 次。

　B．水样容器的选择及清洗

　水样容器的选择原则：

　（1）容器不能引起新的沾污；

　（2）容器壁不应吸收或吸附某些待测组分；

　（3）容器不应与待测组分发生反应；

　（4）能严密封口，且易于开启；

　（5）容易清洗，并可反复使用。

　C．现场监测仪器

　对水位、水量、水温、pH 值、电导率、浑浊度、色、臭和味等现场监测项目，应在实验室内准备好所需的仪器设备，安全运输到现场，使用前进行检查，确保性能正常。

5.6.2.2 采样方法

　（1）地下水水质监测通常采集瞬时水样。

　（2）对需测水位的井水，在采样前应先测地下水位。

　（3）从井中采集水样，必须在充分抽汲后进行，抽汲水量不得少于井内水体积的 2 倍，采样深度应在地下水水面 0.5 m 以下，以保证水样能代表地下水水质。

　（4）对封闭的生产井可在抽水时从泵房出水管放水阀处采样，采样前应将抽水管中存水放净。

　（5）对于自喷的泉水，可在涌口处出水水流的中心采样。采集不自喷泉水时，将停滞在抽水管的水汲出，新水更替之后，再进行采样。

（6）采样前，除五日生化需氧量、有机物和细菌类监测项目外，先用采样水荡洗采样器和水样容器 2～3 次。

（7）测定溶解氧、五日生化需氧量和挥发性、半挥发性有机污染物项目的水样，采样时水样必须注满容器，上部不留空隙。但对准备冷冻保存的样品则不能注满容器，否则冷冻之后，因水样体积膨胀使容器破裂。测定溶解氧的水样采集后应在现场固定，盖好瓶塞后需用水封口。

（8）测定五日生化需氧量、硫化物、石油类、重金属、细菌类、放射性等项目的水样应分别单独采样。

（9）水样采集的量应考虑重复分析和质量控制的需要，并留有余地。

（10）在水样采入或装入容器后，立即按要求加入保存剂。

（11）采集水样后，立即将水样容器瓶盖紧、密封，贴好标签，标签设计可以根据各站具体情况，一般应包括监测井号、采样日期和时间、监测项目、采样人等。

（12）用墨水笔在现场填写《地下水采样记录表》，字迹应端正、清晰，各栏内容填写齐全。

（13）采样结束前，应核对采样计划、采样记录与水样，如有错误或漏采，应立即重采或补采。

5.6.2.3　采样记录

地下水采样记录包括采样现场描述和现场测定项目记录两部分，每个采样人员应认真填写《地下水采样记录表》。

案例 5-5　地下水采样记录表

生态试验站：＿＿＿＿＿＿＿＿＿＿＿＿＿＿＿＿＿＿＿＿＿　＿＿＿年＿＿＿月＿＿＿日

样地名称：＿＿＿＿＿＿＿＿＿　样地编码：＿＿＿＿＿＿＿＿＿

样地地点：＿＿＿省＿＿＿县（市）＿＿＿镇（乡）＿＿＿站（村）＿＿＿＿＿＿＿＿＿＿

井号	经度	纬度	水位/m	井深/m	水温/℃	pH	溶解氧/（mg/L）	电导率/（μS/cm）

仪器准确度		标准物质真值	测量值1	测量值2	测量值3
仪器准确度	pH				
仪器准确度	电导率				
仪器准确度	溶解氧/(mg/L)				
采样人		记录人		校对人	
交接记录					
送样人		接样人		交接时间	

采样人：_____　　填表人：_____

5.6.3　地下水采样质量保证

为确保采样的质量，要求：

（1）采样人员必须通过岗前培训、持证上岗，切实掌握地下水采样技术，熟知采样器具的使用和样品固定、保存、运输条件。

（2）采样过程中采样人员不应有影响采样质量的行为，如使用化妆品，在采样时、样品分装时及样品密封现场吸烟等。汽车应停放在监测点（井）下风向 50 m 以外处。

（3）每批水样，应选择部分监测项目加采现场平行样和现场空白样，与样品一起送实验室分析。

（4）每次测试结束后，除必要的留存样品外，样品容器应及时清洗。

（5）各监测站应配置水质采样准备间，地下水水样容器和污染源水样容器应分架存放，不得混用。地下水水样容器应按监测井号和测定项目，分类编号、固定专用。

（6）同一监测点（井）应有两人以上进行采样，注意采样安全，采样过程要相互监护，防止中毒及掉入井中等意外事故的发生。

5.7　地表水采样保证与质量控制措施

采样前需确定采样负责人，由其制定采样计划并组织实施。采样负责人在制定计划前，要充分了解该项监测任务的目的和要求；应对要采样的监测断面周围情况了解清楚；并熟悉采样方法、水样容器的洗涤、样品的保存技术。在有现场测定项目和任务时，还应了解有关现场测定技术。

采样计划应包括：确定的采样垂线和采样点位、测定项目和数量、采样质量保证措施、采样时间和路线、采样人员和分工、采样器材和交通工具以及需要进行的现场测定项目和安全保证等。

采样器材主要是采样器和水样容器。关于水样保存及容器洗涤方法同地下水部分。如新启用容器，则应事先作更充分的清洗，容器应做到定点、定项。

地表水的采样频率同地下水的要求。

地表水采样质量保证

（1）采样人员必须通过岗前培训，切实掌握采样技术，熟知水样固定、保存、运输条件。

（2）采样断面应有明显的标志物，采样人员不得擅自改动采样位置。

（3）用船只采样时，采样船应位于下游方向，逆流采样，避免搅动底部沉积物造成水样污染。采样人员应在船前部采样，尽量使采样器远离船体。在同一采样点上分层采样时，应自上而下进行，避免不同层次水体混扰。

（4）采样时，除有特殊要求的项目外，要先用采样水荡洗采样器与水样容器2～3次，然后再将水样采入容器中，并按要求立即加入相应的固定剂，贴好标签。

（5）每批水样，应选择部分项目加采现场空白样，与样品一起送实验室分析。

（6）每次分析结束后，除必要的留存样品外，样品瓶应及时清洗。水环境例行监测水样容器和污染源监测水样容器应分架存放，不得混用。各类采样容器应按测定项目与采样点位，分类编号，固定专用。

案例 5-6　地表水采样记录表

生态试验站：_____　____年____月____日

样地名称：_____　样地编码：_____

样地地点：____省____县（市）____镇（乡）____站（村）_____

河流（湖泊）名称_____　断面_____　采样时间_____

水文参数	水文站	水温/℃	水位/m	流速/（m/s）	流量/（m³/s）	含沙量/（kg/m³）

气象参数	气象站	气温/℃	风向	风速/（m/s）	气压/kPa	相对湿度/%

采样点	编号	采样时间	现场记录			
			温度/℃	pH	溶解氧/（mg/L）	电导率/（μS/cm）

仪器准确度		标准物质真值	测量值 1	测量值 2	测量值 3
	pH				
	电导率				
	溶解氧/（mg/L）				
采样人		记录人		校对人	
交接记录					
送样人		接样人		交接时间	

5.8 特殊样品的采集

5.8.1 溶解氧、生化需氧量样品的采集

应用碘量法测定水中溶解氧，水样需直接采集到样品瓶中。采样时，应注意不使水样曝气或残存气体。如使用有机玻璃采水器、球阀式采水器、颠倒采水器等应防止搅动水体。溶解氧样品需最先采集。采样步骤如下：

（1）乳胶管的一端接上玻璃管，另一端在采水器的出水口，放出少量水样涮洗水样瓶两次。

（2）将玻璃管插到分样瓶底部，慢慢注入水样，待水样装满并溢出约为瓶子体积的1/2 时，将玻璃管慢慢抽出。

（3）立即用自动加液器（管尖靠近液面）依次注入氯化锰溶液和碱性碘化钾溶液。

（4）塞紧瓶塞并用手按住瓶塞和瓶底，将瓶缓慢地上下颠倒 20 次，使样品与固定液充分混匀。样品瓶内沉淀将至瓶体 2/3 以下时方可进行分析。

5.8.2 pH 样品的采集

pH 样品的采集应注意以下事项：
（1）初次使用的样品瓶应洗净，用水样浸泡 1 d；
（2）用少量水样涮洗水样瓶两次，再慢慢将瓶充满，立即盖紧瓶塞；
（3）加 1 滴氯化汞溶液固定，盖好瓶盖，混合均匀，待测；
（4）样品允许保存 24 h。

5.8.3 浑浊度、悬浮物样品的采集

（1）水样采集后，应尽快从采样器中放出样品；
（2）在水样装瓶的同时摇动采样器，防止悬浮物在采样器内沉降；
（3）除去杂质如树叶等。

5.8.4 重金属样品的采集

（1）水样采集后，要防止现场大气降尘带来沾污；

（2）防止采样器内样品中所含污染物随悬浮物的下沉而降低含量，灌装样品时必须边摇动采样器边灌装；

（3）立即用 0.45 μm 滤膜过滤处理（汞的水样除外），过滤水样用酸酸化至 pH 值小于 2，塞上塞子存放在洁净环境中。

5.8.5 营养盐的采集

（1）采样时应放掉少量水样，混匀后再分装样品；

（2）在采样时，应立即分装样品；

（3）在灌装样品时，样品瓶和盖至少洗两次；

（4）灌装水样量应是瓶容量的 3/4；

（5）要防止空气污染，特别是吸烟者的污染；

（6）应用 0.45 μm 过滤膜过滤水样，以除去颗粒物质。

6 水环境观测现场观测过程质量保证与质量控制措施

6.1 水环境观测现场观测过程质量保证

野外现场观测是陆地生态系统水环境观测中的主要部分之一，它借助仪器和设施的帮助，获取野外原位水环境（主要是水文过程）的变化特征。野外观测是水环境观测的主要数据来源，因此野外观测的质量保证是整个水环境观测质量保证的重要一环。野外观测过程质量保证的目的就是要保证野外直接观测获取的数据的必要精度和代表性，通过一系列的制度和控制措施确保野外观测符合要求。野外观测过程质量保证的基本要求包括：

（1）根据观测目的和研究的需要，确定合适的观测方法。观测方法要满足观测和研究所需要的数据精度。

（2）根据所采用的观测方法设置观测设施和仪器，观测设施和仪器要严格按照要求建设和安装，自制仪器要符合相关的国家标准或者满足观测所要求的精度。

（3）仪器的标定是保证观测数据准确性的核心，必须定期实施仪器的标定。

（4）要制定观测设施的定期维护制度，保证野外观测设施的完整和正常运行。

（5）野外观测过程有时候是一个创新性的过程，应该详细记录观测方法、观测过程。

（6）制定观测程序和操作过程手册，特别需要针对特殊野外情况的处理，制定相应的解决方案。

（7）要制定严格的野外观测的数据记录表格和下载存储的操作和报送过程制度，确保数据的全面记录和管理。

（8）观测人员必须具备一定的理论和实践基础，切实了解和掌握特定的观测方法，并应该实施定期培训。

6.2 水环境观测现场观测过程主要质量控制措施

CERN 水环境观测野外现场观测过程是在生态站设置在野外的样地和设施上直接采集和获取水分数据的过程。目前的 CERN 各生态站水环境野外现场观测的主要指标包括：土壤含水量、地下水位、水面蒸发量、地表蒸发量（派生指标）、地表径流量、森林冠层水循环（穿透降水、树干径流和枯枝落叶层含水量）、沼泽生态系统湿地水深数据等。这些数据要求设置观测样地，并安装合适的观测设施，采用一定的方法，利用合适的仪器采集和获取数据。

在整个野外现场观测过程中，为保证采集数据的质量满足质量要求，需要采取一定的质量控制措施，这些质量控制措施主要有：

（1）观测过程元数据信息的完整和规范化

完整的观测过程元数据信息是分析数据质量问题和数据共享及使用的关键要素，这些元数据信息主要指观测期间特定的环境、人类活动因素、观测仪器和设施状况、观测方法等背景信息。为保证元数据信息的完整，需要规范所有观测指标（要素）的元数据信息内容和格式。

（2）仪器标定方法

野外现场观测和采集数据基本上都是使用一定的观测仪器来实施，数据的准确性主要依赖对仪器的定期标定。完整和详细的针对具体仪器和具体环境制定仪器的标定方法和流程，并定期实施仪器的标定是野外现场观测质量控制的最核心环节。

（3）观测过程操作规范

按照观测仪器的特点和观测指标的变化特征，制定规范的操作流程并严格实施，也是保证野外现场观测数据质量的主要措施。

（4）仪器和野外设施的维护规范

仪器的定期维护保养、仪器野外设施的维护是保证仪器和观测正常持久进行的必要步骤，不进行定期维护的仪器设施，其数据质量也会下降，并有可能带来大的数据变异等情形。

案例 6-1　台站仪器设备管理条例

一、总则

1. 为了加强我站对监测、科研仪器设备的管理，提高仪器设备的利用率，充分发挥其投资效益，结合我站实际情况特制定本办法。

2. 站长兼任仪器管理总负责人。

3. 仪器设备管理的主要任务是对仪器设备的论证、购置、使用、调拨直至报废的全过程实施管理。仪器设备管理的目的是优化资源配置，提高仪器设备的完好率、使用率，更好地为监测、科研服务。

4. 仪器设备管理是我站监测、科研工作的可靠保证，应配备具有相关专业知识、责任心强的人员担任管理工作，并重视对他们的培养和提高。

5. 在仪器设备的使用过程中要保证所用仪器设备的安全、完好和使用效益。

二、计划管理

6. 购置仪器设备，必须根据我站的发展规划、监测和科研的需要及财力的可能性统筹考虑，并分轻、重、缓、急认真编报年度计划，并进行经费预算。

7. 购置监测、科研用仪器设备，一般应提出计划，填写仪器设备购置计划表，站领导签署意见，报科技处审核批准后采购。

8. 做好年度仪器设备申购计划工作，尽量减少临时采购，以利于设备购置计划纳入正常订货渠道，充分发挥统一采购优势，减少流通环节费用。

9. 仪器设备购入后，由国资处负责填制固定资产卡片，并进行编号。购置单位凭固定资产卡到财务部门办理报销入账手续。使用单位由仪器设备保管人在设备卡片上签字后，方可对物对号验收领用。

三、技术管理

10. 仪器设备必须实行技术管理，使其经常处于完好可用状态，不断提高完好率和使用率。对于仪器设备的使用要实行岗位责任制，要结合仪器设备的特点制定操作规程，使用、维护、保养制度，要有专人负责技术安全工作，做到坚持制度，责任到人。每台仪器的管理人必须掌握该仪器的功能、性能和常见故障以及常见故障的排除方法，必须熟练掌握本仪器的操作程序，并有义务指导要使用该仪器的其他在本站工作的人员。

11. 建立严格的实物和技术验收制度。设备到货后应开箱清点验收（包括配件、说明书、保修单等技术资料），及时安装调试，进行技术鉴定。对质量不合格，技术指标不符合要求的设备，应及时在合同规定的时间内完成退货或索赔工作。

12. 要加强仪器设备的维护保养工作，一般仪器设备应做到随时保养维护，实验技术人员应根据职责和实际水平，有组织地开展仪器设备自修工作，并作为业务考核内容之一。贵重仪器设备应做到精心维护，定期检修和检测，防止障碍性事故发生。

13. 贵重仪器设备一般不得拆改。如确需拆改时必须由仪器设备管理总负责人批准后方可实施。

14. 大型、贵重、精密仪器设备，必须选派业务能力较强的专职人员负责管理和指导使用，对操作人员必须进行技术培训，考核合格后方能上机操作使用。大型仪器设备配套的计算机，不得用作与测定无关的文件、数据处理。

15. 大型、贵重、精密仪器设备要建立技术档案，档案内容主要包括仪器设备出厂的技术资料，从购置到报废整个运转过程中的管理、使用、维修、检修、检验及使用机时等记录和文书资料、图纸等。技术资料必须交档案室存档。

四、资产管理

16. 要充分发挥现有仪器设备的使用效益，做好调剂和共用工作。对闲置三年以上的仪器设备，应做出适当处理。

17. 站内设备一般不借出站外，特殊情况确需外借，必须有主管站长批准，并正式办理借用手续。归还时要认真验收，若有损坏，借用单位必须修复或赔偿。任何单位和个人未经主管站长批准，不得私自将仪器设备借出或带出站外。

18. 仪器设备站内调动，必须经站领导同意，报国资处登记，并办理设备调动手续。设备调动，其随机附件、资料及账、卡应一并办理移交。

19. 为提高设备利用率，在保证完成本站监测、科研、生产任务的前提下，可以利用仪器设备对外服务，其收入必须按我站有关规定支付该设备的折旧、能耗、大修等固定成本开支，具体办法详见相关管理规定。

五、附则

20. 确保仪器设备的安全，避免损坏和丢失，是每个管理人员和操作人员的职责。对仪器设备管理好的个人、学校应给予精神和物质奖励。

21. 仪器设备保管、使用人员因调动、出国、离退休、病故、开除等原因离岗者，必须按下述规定办理仪器设备固定资产换户手续：

  a. 凡调离本单位，必须在设备处办清手续，人事处方可办理调离手续；

  b. 凡本单位内各部门之间调动，必须与本站接管人员一起到设备处办理账、物交换手续方可调离；

  c. 凡离休、退休、退职人员必须办清仪器设备交接手续；

  d. 仪器保管人因病不能长期工作者，应将仪器设备交给其他人员管理；

  e. 凡病故或其他原因未能办清手续者，由其家属负责办理手续。在岗人员因工作需要借用仪器设备（指存放在个人手中），必须经站领导批准，并按规定办理借用手续。

6.3　土壤含水量观测质量控制措施

6.3.1　土壤含水量观测方法与仪器设施基本要求

6.3.1.1　观测方法说明

有多种不同的方法测量土壤含水量，根据测量原理的差异有不同的土壤含水量测量探头。除了烘干法这类称重法直接测量土样的质量含水量外，其余的方法都是基于一定的原理间接反映土壤含水量的多少，这中间又主要分为两类，一类是以中子辐射形成慢中子云来反映土壤含水量，另一类是测定土壤的介电常数来反映土壤含水量。

测量土壤含水量的中子仪法是一种简单、经济、稳定可靠的测量方法，在 CERN 台站中被广泛使用，未来仍将是十分重要的一类土壤含水量测量方法。目前发展的新的土壤含水量测量技术大多集中在利用土壤介电常数来测量，主要又包括时域反射技术（TDR）和频域反射技术（FDR）两类。通过制造基于不同原理的传感器埋在土壤或类似中子管那样插入测量管中，可以连续观测土壤含水量的变化。基于土壤介电常数的测量技术受土壤质地、温度、盐分含量的影响要较之中子仪法明显得多，其普适性受到限制，这也导致这类方法在应用前必须对仪器探头进行严格标定，但这类探头的好处在于它们能实现土壤湿度的原位连续自动观测和采集，大大减轻了劳动量并能实现对土壤含水量变化的持续高频度的观测，这一点是中子仪方法无法实现的。

根据土壤含水量观测方法和仪器的不同，土壤含水量的仪器观测大致可以分为两类，一类是测管法，即通过在田间埋设测量管，每次测量时将探头插入测量管中测量不同深度的土壤含水量；另一类是探针法，直接将探头（探针）埋设在土壤的不同位置，通过特定的数据采集器采集土壤含水量数据。测管法的野外操作规程相对复杂，对数据质量的影响相对明显，而探针法则很少涉及野外操作过程，对数据质量的影响主要是探头的标定。两类不同的观测方法对仪器操作的流程、标定的方法、维护与管理过程要求都不一样，需要分开说明。总体上由于探针法基本上是原位自动连续观测，除了探头的标定、定期维护和背景数据的记录外，其他需要注意的质量控制措施相对次要，质量控制措施主要是针对测管法的过程需要详细说明。本节也主要针对测管法测量土壤含水量时需要注意的质量控制措施加以重点介绍。

6.3.1.2　仪器设施基本要求

CERN 土壤含水量测量仪器，包括中子仪、FDR 探头、TDR 探头等仪器，基本的技术指标要求是：

测量范围：$0\sim0.7$ cm^3/cm^3

测量精度：不低于 0.03 cm^3/cm^3

测量重复精度：不低于 0.005 cm^3/cm^3

工作环境温度：$-10℃\sim+60℃$

6.3.2　仪器操作规范

土壤含水量观测仪器用于野外长期定位观测时，整个的观测流程分为三个步骤，即观测前、观测过程中和观测后，一个完整的土壤含水量观测需要严格地按照这一流程实施。

6.3.2.1　观测前的操作过程

（1）检查仪器，按照仪器操作说明对仪器进行自检，并检查仪器充电情况；

（2）检查并准备好所有与观测有关的材料；

（3）明确需要观测的样地和观测剖面的分布和代码，填写样地和观测背景信息表格。

案例 6-2　CNC 503 型中子仪观测前操作规范

1. 充电

观测前 1 天晚上开始给仪器充电，充电时间要大于 14 h。仪器无电时及时充电，一次充满电后正常使用时注意观察其使用时间，以便在快无电时及时充电，以免影响正常观测。因镍镉充电电池有记忆功能，最好在电用尽时（即显示低压时）再充电较好。CNC503B（DR）中子仪使用镍氢充电电池，可不考虑记忆功能，随时充电，但最好是在电量用尽时（显示低压报警）再充电更好。

2. 测标准计数

每次观测前都要测定标准计数 STD 值，在标定时的同一位置，以同样方法测定，符合误差范围，认可并存储，按"ENTER/Y"键。超过范围，按"CLEAR/N"键（不认可），重新测量。同上所述如果连续 5 次测量有 3 次超标，则表示探头出现故障，应及时通知厂家维修。

注：如果标准计数在一段时间内比较稳定，可考虑一直使用标定时的标准计数，上述每次测量前测得的标准计数可不储存，只用来监测仪器的工作状况。

STD 值测完后，仪器收好，背至观测场，并把仪器座放于测管上。

6.3.2.2　观测中的操作过程

（1）观测必须由经过培训、了解仪器基本原理和操作规程的专职人员负责。

（2）观测过程中的操作规程原则上要求严格按照观测仪器本身的操作要求执行。

（3）目前大部分的土壤含水量观测仪器都是自动采集和存储数据，在观测不同测管（或不同观测剖面）不同深度土壤含水量时，需要注意测量深度的位置，并在仪器上按照要求标记位置信息。

（4）观测过程中，需要根据要求的记录表和元数据记录表，详细记录各类数据。

案例6-3　CNC503型中子仪观测操作规范

1. 设定测量参数

正式逐层测量前要做以下几项工作，设定以下参数。

（1）选择测量时间：即 T，按"TIME"键、"STEP"键和"ENTER/Y"键选择，对农田灌溉而言，一般选择16s即可。

（2）设定深度参数：起始深度，深度间隔及步进形式，因仪器出厂时深度间隔（10cm）和步进形式（自动）已设定，不必重新设定，而且以后也一般不会改动，只需设定起始深度（菜单内第一项），起始深度一般从5cm开始。

（3）设定区号、管号：区号和管号的设置在菜单（MENU）内第二项 NUMBER）。

（4）设置年月日时分：该项设置在仪器出厂时已经设定，一般不需要改动，只是在更换电池过程时间较长或长时间不用无电时（即时钟已不正确时）需要重新设定（菜单内第三项）。

（5）擦除无用记录：在菜单第4项进行，对无用或已经记录过的数据要随时擦除，因仪器存储空间是有限的。

注：上述各步骤无须严格按顺序进行，只是说明有上述几项工作要做而已。

2. 常规观测

（1）下放探头于起始深度处

建议深度计数器的设置从露出地面高度的差值开始，如露出20cm，则深度初始可调成99980，则到地表时，刚好是00000，地表下5cm，则深度计数放至5，地表以下15cm，放至15，深度计数器所显示的深度与主机显示深度一致，不易搞混，若露出15cm，则初始深度调至99985。

注：探头的灵敏中心（即深度定位点）距仪器背筒底部10cm处，仪器的测管插口深度也是10cm。

（2）开始测量

用上述方法把电缆放至起始深度处（如5cm处），开始测量。按"START"键，测量完毕，确定无误，则记录在记录本上，放电缆至15cm，同样方法，测完无误存储记录，步进至下一个深度，依次重复，直至全部深度测完。测量过程中在需要变换标定曲线时别忘了变换。方法是按"CALIB"键，然后按"STEP"键跳步选定，按"CLEAR/N"键退出。

测量过程，提倡手工记录，以防万一。测量完第一根后，电缆收回，探头进入屏蔽体内，准备测第二根，以上述同样方法测完第二根，第三根……直至全部测管数据测完。

6.3.2.3　观测后的操作过程

（1）关闭仪器，整理和放置好所有观测设施和仪器。

（2）检查观测样地破坏情况，尽可能减少破坏，恢复样地原貌。

（3）仔细检查置于样地内的仪器设施，按照要求整理好野外仪器设施。如中子管在测量完后用防雨盖盖好等。

（4）观测人员及时地将仪器采集的数据下载，并按照要求将观测数据和记录的元数据等上交台站数据管理部门。

（5）将仪器在台站指定的实验室内放置好，已备下次使用。

6.3.3　仪器与设施维护规范

仪器和设施的维护是保证仪器观测数据质量的关键环节，在当前仪器越来越自动化测量的背景下，仪器与实施的维护成为影响数据质量的主要因素。CERN 目前通用的土壤水分观测仪器是中子仪，其他的仪器包括一部分以 FDR 或 TDR 原理测量土壤含水量的仪器，土壤含水量的测量设施则主要包括样地，以及在样地内安装的中子管或其他测管，或者安装的土壤湿度探头、相关的数据采集支架等设施。

土壤含水量测量仪器及其野外配套仪器设施的维护主要包括两方面的内容，即仪器与设施的日常维护保养，以及仪器的定期标定工作。

6.3.3.1　仪器与设施的日常维护

（1）仪器与设施的定期检修。根据仪器不同部件的易损性，设置不同周期的定期检查，及时发现问题并加以维修。

（2）仪器与设施的定期保养。包括清洁仪器，检查仪器电路，仪器充电电池的使用情况等。根据仪器说明书的保养要求定期保养。

（3）仪器与设施的管理。要设置专人管理仪器的存放、使用和维护工作；要制定仪器设备管理条例并严格执行。

案例 6-4　CNC503 型中子仪观测检修与管理

1. 定期检修

（1）每月对电缆线的接口和容易发生扭曲、变形的地方进行检查。

（2）半年对中子仪的可充电电池进行常规检查，发现有发软、变形、漏液的电池组及时更换，保证仪器正常工作。

（3）专人不定期对中子源的外包密封部分进行检查，是否有破损现象，如有及时与厂家联系重新密封（安塞站就发生过一次）。

（4）不定期对测量过程的深度计数器进行简单校对，防止引起测量深度不准确的情况发生。测量时更不要硬扯，以免引起深度计数器损坏。

（5）经常检查测管内是否有水、土、杂物等，一旦发现及时清理，否则将影响测量的正常进行。

2. 仪器的管理

中子仪是现代电子技术和安全应用核技术相结合的产物，是一种高技术产品，属贵重仪器，同时又是一种特殊仪器。因此，在使用和操作中应注意以下事项：

（1）仪器不得随意放置，要有专人保管，存放的房间要防潮、防盗，严防仪器丢失。

（2）严禁取出（更换电缆时除外）和打开探头，并防止中子源丢失。

（3）电缆的插拔要注意，只要轻轻插入即可，无须拧上，拔下时要拽电缆插头部位，不要拽电缆，以免经常拽拉电缆而使电缆从插头内脱出，严重时电缆内接线断开，而使仪器无法正常工作。

（4）仪器搬运和使用过程中，注意不要磕碰，竖直摔倒，以免损坏仪器或影响仪器外观。

（5）仪器使用中不能淋雨，探头下放到测管前，应检查测管内是否存水，以免水浸探头造成损坏。

（6）测量过程中，电缆的下放和上提要尽量缓慢，手要拽住电缆通道口上部 50 cm 左右垂直匀速下放，不要拽得很短一截电缆，这样斜拉下放容易引起滑动产生较大误差，更不要硬扯，以免引起深度计数器损坏。

（7）观测中要注意轻提、轻放电缆线，每重复观测结束后要注意将探头完全提入屏蔽体内，严禁在探头未完全提入屏蔽体内时就将仪器脱离铝管。

（8）未经专门培训人员严禁上岗操作使用。

6.3.3.2　仪器的定期标定

土壤含水量测量仪器的标定是准确测量土壤含水量的基础，所有的土壤含水量测量仪器或探头都必须根据样地土壤特性进行标定后才能使用，数据的准确性也才能得到保证。

土壤水分测量仪器的标定可以分为野外现场标定，或室内标定。在野外现场不能满足足够的水分条件的情况下，可以进行室内标定。

标定的基本原理是：人为形成一个不同土壤含水量梯度的情形，一般范围至少要在凋萎系数到饱和含水量范围内；通过仪器测量输出相应的仪器原始值，如电压、电流或浓度等，通过烘干法测量土壤质量含水量，测量土样的容重，可以将质量含水量换算为体积含水量，将不同含水量下所得的烘干法换算得到的体积含水量与仪器观测得到的原始值之间建立经验关系式，即为仪器的标定方程。根据不同仪器的要求，可以将标定方程输入仪器中，从而仪器能够直接输出土壤体积含水量数据。

室内标定一般需要准备一个可以容纳仪器探头的土样桶，室外标定则需要注意设置土壤极端干旱情形，但这种情况在室外很难满足，一般需要到室内进行标定。

不同原理的仪器，输出结果对环境要素的响应是有差异的，基于土壤电导率的测量探头一般对土壤盐分含量和土壤温度都有一定的响应，在土壤盐分含量或土壤温度变化的环境下，这类仪器需要针对盐分和温度进行额外标定。

仪器标定应该定期进行，主要根据仪器数据的变化特征，并对照烘干法结果来判断仪器是否需要重新标定，一般土壤水分测量仪器和探头至少 5 年需要标定一次。

案例 6-5　中子仪的标定步骤

标定的本质是将不同的土壤体积含水量与中子仪读数（一般采用中子仪读数与标准读数之比）建立关系，这种关系一般是线性的，其关系曲线可以表达如下：

$$\theta_v = a + b \times R/R_0$$

式中，R 为中子仪读数，R_0 为标准读数，a 和 b 为线性回归系数，是标定所要得到的参数。

获取合理的标定曲线，需要尽量获得不同的土壤体积含水量状况，在野外或实验室获得从萎蔫系数到饱和含水量的不同的土壤水分梯度，这样得到的标定曲线才会更合理。

中子仪标定方法可以分为野外标定和室内标定两种。中子仪的野外标定大致有如下几个步骤：

（1）确定野外标定场地

野外标定场地的土壤质地状况和土壤容重应该与中子仪需要经常观测的样地的土壤质地和容重状况基本一致，如果有不同的土壤质地和土壤容重特征，需要针对每一种土壤类型建立不同标定曲线。

野外观测场地尽量平坦开阔，避免出现土壤水分在水平空间上变化过大的情形发生，避免发生土壤水分的侧向流动，尽量寻找地下水位对土壤水分影响较小的区域，以便进行土壤水分处理。

（2）土壤水分处理

在野外标定场地，埋设 3～4 根中子管，待中子管与土壤完全紧密结合后（见中子管的安装），通过遮雨和灌溉等不同水分处理方式，在不同中子管周围形成不同的土壤水分含量剖面，至少一个中子管周围土壤含水量极低，一个中子管周围要充分灌溉。

（3）中子仪读数

记录下所有不同土壤含水量情形下的中子仪读数，以及观测前后的中子仪标准读数。有关中子仪读数的观测方法详细见仪器的使用说明书。

（4）土壤采样与土壤质量含水量及土壤容重的测定

分别在每根中子管周围半径 1m 范围内采集三个土样剖面，土壤采集层次要与中子仪观测层次相对应，每个层次的 3 个质量含水量的平均值作为该中子管位置的质量含水量，用于换算成体积含水量。质量含水量的测定方法见本书烘干法测定的说明。

在选择的观测场地，选一块理想场地实施进行土壤容重观测的采样，采样层次与中子仪观测层次对应，获得每一观测层次的土壤容重。土壤容重的测定见本书有关土壤容重测定方法的说明。

（5）将烘干法测定的质量含水量换算成体积含水量

根据容重的定义，换算公式如下：

$$\theta_v = \theta_g \times \rho_b$$

其中，ρ_b 为某一层次的土壤容重。

（6）建立标定方程

通过这一方法获得的土壤体积含水量被认为是准确的体积含水量，然后用最小二乘法，将烘干法换算得到的体积含水量与中子仪读数与标准读数之比进行线性回归，就可以得到回归系数 a 和 b，从而建立了标定方程。

有关中子仪的标定还需要注意以下几点:

(1)由于中子仪对土壤表面含水量观测的误差,应该单独建立表层的标定方程。

(2)不同土壤质地和土壤容重的土壤,应该建立不同的标定方程。

(3)标定曲线每 5～10 年应该重新标定一次。

6.3.4 元数据规范

土壤水分观测时,需要填写相应元数据记录表,CERN 生态站土壤水分监测元数据按照下表填写:

台站代码		观测日期		观测人	
样地代码		样地植被和生育期		观测方法和仪器	
前三天天气状况					
前三天灌溉施肥状况或其他人类活动情况					
备注					

CERN 土壤水分数据采样专用的土壤水分数据处理软件处理,对元数据进行规范化管理。

6.4 地下水位观测质量控制措施

6.4.1 地下水位观测井与观测仪器设施基本要求

CERN 地下水位的观测主要考虑对生态系统有直接影响的潜水水位的观测。提供的数据是地下水埋深,可以通过海拔高度转换为标准的地下水位值。

地下水位的观测需要的仪器设施包括观测井和水位观测仪器两部分。观测井是地下水位观测的必备设施,而观测仪器则根据观测方法的不同,仪器构成也不一样。

6.4.1.1 观测井位置设置要求

根据水位观测平台技术标准(SL384—2007),地下水位观测井的位置所测量的地下水位应能代表当地地下水位,达到观测目的和满足精度的要求,并应符合下列规定:

(1)平原井灌区地下水位观测井应选在不受河道、渠道、蓄水建筑物、生产井、集中稻田区、工业废水排放沟渠影响的位置,观测井位置地面高程与附近地面高程宜一致;

(2)为研究水库周围和河网地区的地下水浸没问题,渠道地区防止盐碱化等问题进行的地下水位观测,观测井应选在水库、河、渠水位的影响范围之内;供水水源地,观测井应选在开采区及影响范围的边界地带;

(3)研究河流补给的地下水位观测井应沿垂直于河道的纵断面布设。

6.4.1.2 观测井技术要求

对于潜水水位观测井的基本技术要求,参考 SL/T 183—96 地下水监测规范的要求,主要包括:

（1）观测井周围不得有显著影响观测区域地下水变化规律的人类活动设施，如灌溉机井、水库等设施；

（2）井管应该由坚固、耐腐蚀的材料制成；

（3）观测井深度应超过已知最大地下水埋深 2 m 以上；

（4）井管内径原则上不应小于 10 cm；

（5）井管滤水段透水性能良好，向井内注入灌水段 1 m 井管容积的水量，水位复原时间不超过 10 min；

（6）水位观测井不得靠近地表水体，且必须修筑井台，井台应高出地面 0.5 m 以上，用砖石浆砌，并用水泥砂浆护面。人工监测水位的监测井应加设井盖，井口必须设置固定点标志；

（7）在水位观测井附近选择适当建筑物建立水准标志。用以校核井口固定点高程；

（8）观测井应有较完整的地层岩性和井管结构资料，能满足进行常年连续各项监测工作的要求。

6.4.1.3　观测方法的选择与注意事项

地下水位的观测有人工手动观测和自动观测两类，自动观测根据观测原理的不同又分为浮子式水位计和压力式水位计两类，目前市场上测量地下水位的水位计大多是压力式水位计。

人工手动观测地下水位采用所谓接触式水位计，如悬垂式水尺进行测量，或者自行制造一个用绳索和重金属体组成，配合卷尺的测量水位装置。在用绳索进行人工观测时，用绳索系一钟形金属体（测钟），撞击潜水观测井的水面，用钢卷尺量出此时绳索的长度，即可测出潜水水位的埋深，因此，测钟、吊索和钢卷尺是必备工具。测钟也可自己制作，但要声响清脆。吊索不应有弹性，也可在吊索上直接标记刻度，每次测量时只用钢尺量出两个标记间的长度。

自记水位计目前以压力式水位计为主，大部分水位计都自带数据存储芯片和电池，具备完全独立的地下水位连续观测能力。数据通过电缆，或读数器定期从探头中下载。压力式水位计的安装主要要注意吊着水位计探头的绳索需要具备很强的耐腐蚀能力，避免绳索长期在地下水中，尤其是含盐量较高的地下水中浸泡腐蚀断掉，同时绳索韧性要好，避免随着时间流逝绳索长度发生变化。

6.4.2　仪器操作规范

6.4.2.1　人工观测

CERN 台站地下水位观测大多采用人工观测方式，用悬垂式水尺进行测量，或者自行制造一个用绳索和重金属体组成，配合卷尺的测量水位装置。

人工测量地下水位，应重复测量两次，两次间隔时间不应少于 1 min，取两次水位的平均值，两次测量允许偏差为 ±2 cm。当两次测量的偏差超过 ±2 cm 时，应重复测量。

人工观测应该设计规范的数据记录表，将相关数据及时记录下来。在观测完成后，应及时将数据录入计算机相应的数据库中，并将纸质数据存档。

6.4.2.2　自动观测

浮子式水位计测量地下水位的设施在 CERN 台站基本没有，CERN 鼓励台站未来使用压力式水位计测量地下水位，这类水位计简单易用，维护方便，适合长期自动观测。

压力式水位计应该置于最低水位以下 0.5 m 以上，深度位置常年必须保持不变。用于自动观测的自记水位计安装到位后，一般只要定期采集数据即可。对于自记水位计的观测，基本要求是，水位记录的频度一般不得低于每四小时一次，最高频度视台站研究的需要和地下水位变化快慢的特征而定。

由于压力式水位计需要考虑大气压变化的影响，因此所有压力式水位计都要配备相应的大气压测量探头，或有单独的大气压数据，作为最终反演水位数据的一部分。

6.4.3 仪器设施的维护与管理

6.4.3.1 观测井的维护与管理

（1）应指派专人对观测井的设施进行经常性维护，设施一经损坏，必须及时修复。

（2）每两年测量观测井井深，当观测井内淤积物淤没滤水管或井内水深小于 1 m 时，应及时清淤或换井。

（3）每 5 年对观测井进行一次透水灵敏度试验，当向井内注入灌水段 1 m 井管容积的水量，水位复原时间超过 15 min 时，应进行洗井。

（4）井口固定点标志和孔口保护帽等发生移位或损坏时，必须及时修复。

（5）对每个观测井建立《基本情况表》，观测井的撤销、变更情况应记入原观测井的《基本情况表》内，新换观测井应重新建立《基本情况表》。

6.4.3.2 水位计的标定与维护

（1）压力式水位计的测量原理与标定方法

压力式水位计有一感应压力大小的探头，测量探头所受到的压力。根据流体力学理论，水位计所处位置的压力（压强）P 为：

$$P = P_0 + \rho_w g h_w$$

式中，ρ_w 为水的密度，对地下水而言，一般可以视为一个不变的值，g 为重力加速度，h_w 为探头以上水柱的高度。

假设探头放置的深度（地面到探头的距离）为 h，则地下水位（地下水埋深）h_g 为：

$$h_g = h - h_w = h - (P - P_0)/\rho_w g$$

由于 h，ρ_w 和 g 为固定值，因此地下水位是一个随压力而线性变化的值，只要测量到压力值，就能计算得到地下水位值。

理论上，只要知道仪器测量的压力值和大气压值，就可以计算得到地下水位。但是由于地下水往往含盐量较高，地下水密度与纯水密度往往有一些差异，在实际使用压力式水位计时，一般可以在现场通过设置不同的 h 值，得到一系列的压力与地下水位关系的数组，这些数组拟合一个标定曲线，获得地下水埋深与（$P–P_0$）之间的线性关系，通过这个标定曲线就可以获得不同压力对应的地下水位了。

通过上述原理可知，压力探头的埋深位置（h）必须是固定的，因此连接探头的绳索随时间不应有伸缩，为避免伸缩造成的测量误差，应定期修正标定曲线。

（2）水位计和其他测具的维护

自动监测仪每月检查、校测一次，当校测的水位监测误差的绝对值大于 0.01 m 时，应对自动监测仪器进行标定和校正。

布卷尺、钢卷尺、测绳、导线等测具的精度必须符合国家计量检定规程允许的误差规定，每半年检定一次。

6.4.4　元数据规范

（1）观测井基本情况表

观测井名称		观测井位置	＿＿＿市（县）＿＿＿区（乡、镇）＿＿＿街（村）＿＿＿号＿＿＿方向距离＿＿＿m		
观测井编码		观测井坐标			
成井单位		成井日期		建立资料日期	
井深/m		井径/mm		所属流域/水系	
井口标高/m		地面高程/m		静水位标高/m	
观测井类型		观测指标		观测频次	
备注					

填写说明：

观测井名称：台站设置的观测井的中文名称。

观测井编码：根据 CERN 规则编制的观测井编码。

观测井类型：生产井、民井、勘探井、专用监测井。

（2）人工观测原始记录表

观测井代码	观测日期	地面高程/m	井口到地下水水面距离/cm			地下水埋深/m	备注
			第一次读数	第二次读数	平均值		

6.5　水面蒸发观测质量控制措施

6.5.1　水面蒸发观测方法与仪器设施基本要求

CERN 水面蒸发的观测采用国家标准的 E601B 蒸发皿实施观测。CERN 台站的水面蒸发观测分为人工观测和自动观测两种，要求所有台站这两种观测形式同时进行，其中自动观测频率为每小时一次，人工观测获取每天蒸发量，每天观测一次，具体观测规定见《陆地生态系统水环境观测规范》中的要求。

6.5.1.1　人工观测仪器设施和材料的技术要求

一个标准的 E601B 水面蒸发测量装置由蒸发桶，水圈、量测装置和溢流桶组成。人工观测与自动观测的区别主要是量测装置的差异。人工观测的量测装置是由一个测针和一个测针座组成，有时候测针座通过一个连通管与水桶连接，在桶外形成一个单独的测量装置，用测针测量水位的变化，避免测针座对水桶水体的影响。

对测量设施的主要技术要求包括：

（1）测针测量范围：0～20mm

（2）测针分辨率：0.1mm

（3）蒸发桶材质：玻璃钢

（4）蒸发桶工作温度：−40～50℃

6.5.1.2 自动观测仪器设施和材料的技术要求

自动观测系统的量测装置由一个水位传感器、数据采集器和相应的控制系统构成。CERN 的水面蒸发自动观测装置还包括一个自动补水系统。

对于自动观测系统，在安装过程中需要注意的关键环节是水位传感器的安装，安装后传感器对于温度、风所造成的影响应该减小到最小。比如采用浮子式的水位传感器，必须在传感器外围加装隔热透风装置，类似于百叶箱，减小辐射造成传感器温度升高，增加传感器测量的误差。

水位传感器的基本技术指标包括：

（1）量测范围：0～20mm

（2）分辨率：0.1mm，0.2mm

（3）相对偏差：±3%

数据采集器的基本技术指标包括：

（1）采集器测量通道不少于 2 个，数字控制端口不少于 1 个

（2）数据存储容量不少于 1 个月的数据量

（3）具有标准信号接口

（4）可编程

（5）供电电压：6 V 或 12 V

6.5.1.3 观测用水要求

蒸发器的用水应取用能代表当地自然水体的水。水质一般要求为淡水。如当地的水源含有盐碱，为符合当地水体的水质情况，亦可使用。在取用地表水有困难的地区，可使用能供饮用的井水。当用水含有泥沙或其他杂质时，就待沉淀后使用。

蒸发器中的水，要经常保持清洁，应随时捞取漂浮物，发现器内水体变色，有味或器壁上出现青苔时，即应换水。换水应在观测后进行。换水后应测记水面高度。换入的水体水温应与换前的水温相近。为此，换水前一两天就应将水盛放在场内的备用盛水器内。

水圈内的水，也要大体保持清洁。

6.5.2 仪器操作规范

水面蒸发的自动观测在野外的操作过程主要是通过计算机与数据采集器连接，对专门开发的软件进行操作。软件操作的具体说明可以参考专门的软件操作说明书，这里不做介绍。

人工观测流程主要包括以下内容：

（1）每日 20 时进行观测。观测时先调整测针针尖与水面恰好相接，然后从游标尺上

读出水面高度。读数方法：通过游尺零线所对标尺的刻度，即可读出整数；再从游尺刻度线上找出一根与标尺上某一刻度线相吻合的刻度线，游尺上这根刻度线的数字，就是小数读数。

（2）如果由于调整过度，使针尖伸入到水面之下，此时必须将针尖退出水面，重新调好后始能读数。

（3）蒸发量=前一日水面高度+降水量（以雨量器观测值为准）－测量时水面高度。

（4）观测后检查蒸发桶内的水面高度，如水面过低或过高，应加水或汲水，使水面高度合适。每次水面调整后，应测量水面高度值，记入观测簿次日蒸发量的"原量"栏，作为次日观测器内水面高度的起算点。如因降水，蒸发器内有水流入溢流桶时，应测出其量（使用量尺或 3 000 cm² 口面积的专用量杯；如使用其他量杯或台秤，则须换算成相当于 3 000 cm² 口面积的量值），并从蒸发量中减去此值。

（5）为使计算蒸发量准确和方便起见，在多雨地区的气象站或多雨季节应增设一个蒸发专用的雨量器。该雨量器只在蒸发量观测的同时进行观测。

（6）有强降水时，通常采取如下措施对 E601B 型蒸发器进行观测：

1）降大到暴雨前，先从蒸发器中取出一定水量，以免降水时溢流桶溢出，计算日蒸发量时将这部分水量扣除掉。

2）预计可能降大到暴雨时，将蒸发桶和专用雨量筒同时盖住（这时蒸发量按"0.0"计算），待雨停或转小后，把蒸发桶和专用雨量筒盖同时打开，继续进行观测。

（7）冬季结冰期很短或偶尔结冰，结冰时可停止观测，各该日蒸发量栏记"B"；待某日结冰融化后，测出停测以来的蒸发总量，记在该日蒸发量栏内。但不得跨月、跨年。当月末或年末蒸发器内结有冰盖时，应沿着器壁将冰盖敲离，使之呈自由漂浮状后，仍按非结冰期的要求，测定自由水面高度。

（8）冬季结冰期较长则停止观测，并将 E601B 型蒸发器内的水汲净，以免冻坏。

6.5.3　仪器设施的维护与管理

6.5.3.1　蒸发场的维护与管理

（1）首先必须考虑其区域代表性；场地附近的下垫面条件和气象特点，应能代表和接近该站控制区的一般情况，反映控制区的气象特点，避免局部地形影响。必要时，可脱离水文站建立蒸发场。

（2）蒸发场应避免设在陡坡、洼地和有泉水溢出的地段，或邻近有丛林、铁路、公路和大工矿的地方。在附近有城市和工矿区时，观测场应选在城市或工矿区最多风向的上风向。

（3）陆上水面蒸发场离较大水体（水库、湖泊、海洋等）最高水位线的水平距离应大于 100 m。

（4）选择场地应考虑用水方便。水源的水质应符合观测用水要求。

（5）蒸发场四周障碍物的限制。蒸发场四周必须空旷平坦，以保证气流畅通。观测场附近的丘岗、建筑物、树木、篱笆等障碍物所造成的遮挡率应小于 10%，凡障碍物遮挡率大于 25% 的，必须采取措施加以改善或搬迁。

（6）设有气象辅助项目的场地应不小于 16 m（东西向）×20 m（南北向）。

（7）为保护场内仪器设备，场地四周应设高约 1.2 m 的围栅，并在北面安设小门。为减少围栅对场内气流的影响，围栅尽量用钢筋或铁纱网制作。

（8）为保护场地自然状态，场内应铺设 0.3～0.5 m 宽的小路。进场时只准在路上行走。

6.5.3.2 人工观测仪器设施的维护与管理

（1）E-601 型蒸发器每年至少进行一次渗漏检验。一般在解冻后进行，在平时（特别是结冰期）也应注意观察有无渗漏现象。如发现某一时段蒸发量明显偏大，而又没有其他原因时，应挖出检查。如有渗漏现象，应立即更换备用蒸发器，并查明或分析开始渗漏日期。根据渗漏强度决定资料的修正或取舍，并在记载簿中注明。

（2）要特别注意保护测针座不受碰撞和挤压。如发现测针遭碰撞时，应在记载簿中注明日期和变动程度。

（3）测针每次使用后（特别是雨天）均应用软布擦干放入盒内，拿到室内存放。还应注意检查音响器中的电池是否腐烂，线路是否完好。

（4）定期检查蒸发器的安装情况，如发现高度不准、不水平等，要及时予以纠正。

（5）经常检查器壁油漆是否剥落、生锈。一经发现，应及时更换蒸发器，将已锈的蒸发器除锈和重新油漆后备用。

（6）必须经常保持场地清洁，及时清除树叶、纸屑等垃圾；清除或剪短场内杂草，草高不超过 20 cm。不准在场内存放无关物件和晾晒东西以及种植其他农作物。

6.5.3.3 自动观测系统的维护与管理

CERN 水面监测采用的 FS-01 型水面蒸发传感器属于高精密型传感器，严格按照规定的安装调试方法、步骤操作。

（1）蒸发桶的加水、汲水方法同水利行业标准《水面蒸发观测规范》（SD 265—88）的规定方法，直接向蒸发桶注入清水或用虹吸管向外汲水。人工进行加汲水操作时，应关闭记录器的电源，加汲水之后再接通电源，仪器可按照初始化程序自动投入工作。装有加水自动控制装置的蒸发器可实现自动加水，每次加水、汲水后记录器会自动测量、记录蒸发桶的水位值，作为新的蒸发起始值。

（2）每三个月至六个月定期打开防护罩，检查编码器及仪器工作状态。必要时对仪器进行重新调整、对水位。

（3）每隔两年至三年对传感器静水桶进行一次清理，排除污垢并重新安装传感器或对水位。

6.5.4 元数据规范

（1）水面蒸发场基本情况记录表。

蒸发场名称		蒸发场位置	_____ 市（县）_____ 区（乡、镇）_____ 街（村）_____ 号 _____ 方向距离 _____ m	
蒸发场编码		蒸发场坐标		
所属单位		建场日期		建立资料日期
蒸发场面积/m		含有蒸发皿（桶）数量		所属流域/水系
地面高程/m		场周围地势		遮挡率
备注				

（2）蒸发桶基本信息表。

蒸发器名称		蒸发器编码			
器口面积/m²		器口离地面高度		观测方法	人工 自动
水位测针型号		测针编号		测针制造单位	
水位传感器型号		传感器编号		传感器制造单位	
备注					

（3）水面蒸发观测记录表。

日期	观测时分	蒸发器水面高度/mm 加（汲）水前			蒸发器水面高度/mm 加（汲）水后			加（汲）水量 量杯开始读数/cm³	加（汲）水量 量杯终了读数/cm³	加（汲）水量 折合水深/mm	溢流量 量杯读数/cm³	溢流量 折合水深/mm	降水量/mm	一日累计降水量/mm	一日蒸发量/mm	备注
		1	2	平均	1	2	平均									
月统计	月总蒸发量			mm	最大日蒸发量			mm		日	最小日蒸发量		mm		日	

6.6 地表径流观测质量控制措施

6.6.1 地表径流观测方法和仪器设施基本要求

CERN 森林生态系统研究站的地表径流观测主要是坡面径流和沟道径流观测，分别采用的是径流小区方法观测和测流堰方法观测，对于 CERN 台站地表径流观测的设施和仪器，详细的规范也可以参考水利部先后制定的各项标准，包括《堰槽测流规范》（SL 24—91）、《水土保持监测技术规程》（SL 277—2002）、《水土保持监测设施通用技术条件》（SL 342—2006）等。这里针对 CERN 特点，就相关的基本要求分述如下：

6.6.1.1 坡面径流观测仪器设施基本要求

坡面径流采用一个或多个径流小区进行观测，径流小区的设置位置、大小等与研究的目的有关。一个径流小区由小区和径流/泥沙收集系统两部分组成，目前我国没有明确的国家和行业标准对径流小区的设计、大小、建筑等做出规定。根据 CERN 森林站径流小区观测的现状和特点，本书主要对以下几个方面做出说明，供 CERN 台站参考使用。

（1）径流小区布设的基本原则

①径流小区布设应选择在不同水土流失类型区的典型地段，使所建径流小区具有比较好的代表性，能够反映监测区水土流失的基本特点，或者典型植被的产流特征。

②径流小区应尽可能选取或依托各水土流失区已有的水土保持实验站，并考虑观测和管理的方便性。

③选择布设小区的坡面横向应该平整，坡度和土壤条件均一，以消除土壤、地形地貌等因素对观测结果的影响。

④林地的枯枝落叶层不应被破坏。

⑤在同一流域内布设的小区，应尽量集中，有利于管理和维护。

（2）径流小区的面积与形状

①径流小区常为矩形，对于长与宽的比例没有明确的规定，但一般认为宽短小区是不可取的，因为这样的小区会影响到细沟的发育。

②小区的宽度应能保证相关措施的落实，对农田径流小区，当有顺坡垄状耕作，则小区的宽度与沟垄的宽度、拟建沟垄数目密切相关，对森林径流小区，要考虑植被群落盖度和群落结构的代表性。

③对于农地小区，为减小边界效应的影响，应在小区左右两侧和上部修建缓冲带，小区内不允许没有必要的践踏。

④为了提高监测数据的可比性，当分析、研究水土流失区域特征时，必须要使各地的小区大小保持一致，其中的处理措施，或者植被结构特征也应基本一致。

⑤根据《水土保持监测技术规程》（SL 277—2002）的规定，一个标准的径流小区，水平面投影长 20 m，宽 5 m，水平投影面积 100 m^2。坡度为 5°或 15°，坡面经耕耙平后，纵横向平整。无特殊要求时，小区建设的尺寸应尽量参照标准小区的规定确定。

⑥根据研究目的，和地形地势的不同，可以选用非标准小区，其面积的选取，应根据小区建设的目的要求进行，且应充分考虑坡度、坡长级别、土地利用方式、植被群落结构特征、耕作制度和水土保持措施等。

（3）径流小区边墙的技术要求

①边墙一般为矩形，一般要求是高出地面 10～30 cm，埋入地下 30 cm 左右，根据不同研究需要，高出地面长度和埋入地下深度都可以增加，研究壤中流或潜水的则应将截水墙伸至不透水层或基岩为止。

②边墙材料可以是水泥板（墙），或者金属板，或其他隔水板材，以防止渗水为基本前提。

③水泥板（墙）厚度 5～10 cm，水泥板的上缘应向小区外倾斜，防止降落在水泥板（墙）上的雨水流入径流池。

④金属板一般要求用厚度 1.2～1.5 mm 的镀锌铁皮。

⑤注意边墙埋设完毕后，边墙两侧土壤要夯实。

⑥边墙下缘，即小区底端的下坡边，由水泥、砖等材料衬砌而成。表面光滑，上缘与小区内地面同高，槽底向下及向中间倾斜；中部由镀锌铁皮或金属管做成的集水槽（引水槽）与集流桶或分水箱连接起来。

⑦集水槽的作用是收集径流小区径流并引送到引水槽（又称导流槽）中，集水槽、引

水槽的横断面有矩形、梯形、三角形等数种，比降一般为 1%，断面大小按可能发生的最大暴雨洪水流量确定，集水槽和引水槽需加盖子防止雨水进入。

（4）径流/泥沙收集系统（集流系统）的基本技术要求

①集流系统有径流池、分水箱、径流桶、量水堰、翻水斗等数种形式（图 6-1），可根据观测要求（测过程或只测总量）分别选用；在降雨量比较大、地表产流大的区域，建议采用分水箱+集流桶的形式，或者设置量水堰来观测。

②分水箱常用厚度为 1.2mm 的镀锌铁皮或厚度为 2mm 或 3mm 的铁板制作而成。黄土高原地区所用的分水箱多为圆形，直径和高度介于 0.8～1.0m，分流孔离分水箱底部的高度为 0.5m。

③分流孔多为直径 3～5cm 的圆孔，间距在 10～15cm，为保证分流均匀，分流孔间的距离应该相等。在东北地区也有采用宽 2cm、高 5cm 的矩形分流孔的，其功能与圆形分流孔没有差异。

④分流孔的数目应根据小区面

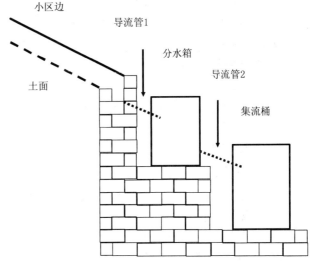

图 6-1　径流/泥沙收集系统结构示意图

积大小、设计径流深及集流桶的体积来综合确定，以保证设计径流深条件下分流桶不溢流为基本原则，常见的分流孔数目为 5、7、9、11。

⑤为防止径流中携带的杂草阻塞导流管，在分水箱内应安装纱网或其他过滤设施，纱网的网眼不能太细，应大于 1cm²，如果过细则会引起水流不畅，导致分水箱溢流的结果。

⑥集流桶也常用厚度为 1.2mm 的镀锌铁皮和厚度为 2mm 或 3mm 的铁板制作而成，为了便于搅动径流和泥沙取样，集流桶全为圆形的，尺寸与分水箱相当或略大于分流箱。

⑦为防止降水和沙尘直接进入分流箱或集流箱，一般要给分水箱和集流箱安装盖子。

⑧分流箱和集流箱的安装应保持水平。

⑨为了排放径流，分流箱和集流箱的底部应开直径为 12cm 左右的圆形孔，收集径流时用阀将圆形孔堵住，观测完毕后打开圆孔将径流和泥沙排掉。

⑩量水堰的技术要求与沟道径流量水堰相同，详细参考《堰槽测流规范》（SL 24—91）和《水土保持监测设施通用技术条件》（SL 342—2006）中的有关规定。

6.6.1.2　沟道径流观测仪器设施基本要求

天然沟谷地表径流的测流设施，由坡面集流槽与出流段面量水建筑物等组成。CERN 森林站大部分都安装由沟道径流的观测设施，用来长期监测森林站区所在小流域的地表径流变化。

水利部制定的行业标准《堰槽测流规范》（SL 24—91）和《水土保持监测设施通用技术条件》（SL 342—2006）对于采用堰槽测量地表径流的建设、观测、维护等做出了详细的说明，CERN 台站按照上述规范执行，本书不再复述上述内容。

6.6.2 操作规范

6.6.2.1 径流小区的观测流程与注意事项

径流小区观测地表径流量和水土流失量（泥沙量），采用径流池或分水箱测量径流时测量方法和步骤基本相同，采用集流堰测量径流时参考测流堰的测量流程和规范。这里就采用径流池或分水箱与集流桶相结合的观测方法说明如下。

（1）观测频次

采用集流装置收集水土然后观测的方式，首先应该保证每次降雨后都要观测小区径流量，并取泥沙样，清洗分水箱和集流桶。

（2）准备工作

取样前，准备好取样瓶，米尺，扳手，铁锹，舀子，笔，记录表等，放入工具篮中，带至小区。

（3）取样步骤

①首先对照记录表填写好小区号、观测日期、观测人等项目。

②检查小区、分水箱、集流桶等是否有异常现象，主要侧重于有无溢流、严重淤积及分流孔堵塞等现象发生，若有情况，做好相应的记录。

③对照记录表填好集流桶号，打开桶盖，将米尺垂直放入桶中至桶底，读取水面所在刻度值，填入记录表中。每个集流桶，应在不同位置测量水深 4 次。

④用铁锹搅动集流桶中的泥水，使泥沙与水充分混合达到均匀，用舀子取样，装入取样瓶中，记录瓶号。每个集流桶内取样两个。

⑤打开集流桶底阀，然后一边搅动，一边放出泥水，最后用清水将集流桶冲洗干净。

⑥拧紧底阀，盖好桶盖，进入下一个小区的取样工作。

⑦每次产流后，应及时检查分水箱的分流孔，发现有淤泥时应及时清理，不能影响出水。

（4）注意事项

①当泥沙浓度不大时，上述方法获得的水沙混合物的体积，即可近似为小区径流量。

②当侵蚀剧烈，集流桶内泥沙淤积厚度较大时，应相应地扣除泥沙所占的体积。

③在径流深度量测时，可以先用铁锹将集流桶内沉积的泥沙摊平，然后再测定径流深度，测定时应注意用力分寸，使水尺接触到泥沙即可，为避免泥沙的高低不平，径流测定应在不同位置进行，最后取其平均值。

④对于以蓄水池为径流收集系统的小区，因为一般蓄水池较大，采用搅拌的方法取样难度较大，其代表性较差。

⑤可以考虑先将沉积泥沙摊平，等泥沙沉降后，在不同位置量测径流深度，等取样完成以后让蓄水池中的水沙混合物沉积几天，然后将上面的清水用水泵或虹吸法抽出，进一步量测泥沙量。

⑥当研究目的与降雨的次数有关时，测定完径流、取完泥沙样以后，应及时将蓄水池中的泥沙清理掉，避免对下次测定造成误差。

6.6.2.2 测流堰的观测流程与注意事项

大部分测流堰测量地表径流时，都采用自记式水位计来测量，极少采用水尺或者测针来测量水位的变化过程。自记式水位计测量水位动态必须建设一个与测流堰体水流连通的静水井，水位计置于静水井中测量水位的动态过程。

自记式水位计的观测是自动的，除了定期采集数据和维护管理外，大部分时候并不需要人工干预，因此测流堰的观测流程并不重要，这类观测的关键是对水位计的标定，以及堰体和其他设施的精心维护。

6.6.3　仪器设施的维护与管理

6.6.3.1　径流小区设施维护与管理

（1）定期检查集流桶和分水箱，包括：

①分水箱的分流孔有无堵塞；

②集流桶的放水阀是否漏水；

③集流桶和分水箱是否漏水，盖子是否盖好；

④汇流槽和导流槽内是否有杂物，有无漏水。

（2）定期检查小区设施

①对农田或水土流失观测小区，要及时除草，维持各个小区所要求的耕作方式和植被覆盖；对森林观测小区，要查看小区植被情况，减小植被的变动对观测数据代表性的影响。

②检查小区的挡板或水泥墙是否有歪斜或漏水。

③对于农田垄作小区，检查有无串垄情况。

④检查小区周围护栏，查看是否有牲畜或其他动物等闯入小区内。

6.6.3.2　测流堰设施维护与管理

（1）测流堰堰体的维护与管理

①堰槽在使用期间要注意养护，放置损坏，要有有效的防淤、防腐、防冻、防裂等措施；

②要经常检查校测防止变形，保持各部位尺寸的准确和表面良好的光洁度；

③当发生槽底有淤积、堰体表面有漂浮物时，要及时清理。

（2）连通管与静水井的维护与管理

①要经常检查连通管管内壁和进出口的清洁状况，保持水流的畅通。

②定期清理静水井内的杂物。

③定期清理沉积在静水井中的泥沙，淘沙期间将水位计浮子取下，自动水位计取出，以免淘沙作业造成仪器损坏。在此期间造成的数据缺失在报表相应位置作备注说明。

④定期检查连通管和静水井的渗漏情况，及时处理渗漏发生。

（3）自记式水位计的维护与管理

①自记设备要随时检查是否正常运转，采用记录纸记录的，尤其要定期查看仪器运转情况，及时排除故障。

②水位计需要定期标定（参考 6.4 节的说明），也可以通过与静水井设置的水尺水位进行比对，确保水位计数据准确。

6.6.4 元数据规范

（1）样地背景信息表

1）农地径流小区背景信息表

名称	
编码	
土质	
土壤团粒结构	
坡度	
坡向	
坡长/m	
坡宽/m	
小区面积/m^2	
水平投影面积/m^2	
作物名称	
播种前翻耕深度/m	
播种方法	
播种时间	
中耕方法次数及时间	
收割时间	
测量方法与设备	
观测开始年月	

2）林地径流小区背景信息表

名称	
编码	
土质	
土层厚度/m	
坡度	
坡向	
坡长/m	
坡宽/m	
小区面积/m^2	
水平投影面积/m^2	
微地形特征	
树种	
造林方法	
混交方式	
林龄	
胸径/cm	
树高/m	
郁闭度	
枯枝落叶层厚度/m	
测量方法与设备	
观测开始年月	

3）天然小流域背景信息表

小流域名称	
小流域编号	
小流域面积/m²	
小流域长度	
小流域高差	
测流堰高程/m	
小流域植被特征	
小流域土壤特征	
小流域多年平均降水量/mm	
径流测量方法	
观测开始年月	

（2）现场观测原始记录表

径流小区的人工观测需要制定完整规范的人工记录表格，并及时将计算获得的地表径流量和水土流失量记录存储。根据观测方法的不同应该设置不同的原始记录表格。一个通用的记录表格如下：

小区编号：　　　　　　　观测日期：　　　　　　　观测人：

集流桶编号	水深/mm				水样瓶编号		备注
	读数 1	读数 2	读数 3	读数 4	水样 1	水样 2	

6.7　森林冠层水循环指标观测质量控制措施

CERN 森林生态系统研究站观测森林冠层水循环过程，主要包括三项观测指标：穿透降水量、树干径流量和枯枝落叶层含水量。这三项指标的观测原则上要求在同一块样地上实施，以体现森林群落对降水再分配的特征，是研究森林水文过程的重要参数。

6.7.1　观测方法和仪器设施基本要求

6.7.1.1　穿透降水量观测方法与仪器设施基本要求

森林穿透降水量的观测可以采用雨量计或者集雨槽两种方法。

雨量计观测又包括自记雨量计和人工雨量计两种。采用雨量计观测首先要注意的是样地雨量计的布设规范。根据要求（见《陆地生态系统水环境观测规范》）计算好在样地中布设雨量计的个数，然后可以按照样地大小和预计的雨量计多少，将样地均匀地划分为不同的样方，在每个样方的中央设置一个雨量计，一般雨量计的受雨区应该涵盖样地中尽可能多的不同叶片间隙率的冠层。为了布设更多的雨量设备，可以自制简易的雨水收集器（雨量漏斗），这种漏斗的面积为 $50\,cm^2$ 或 $200\,cm^2$，漏斗插入不小于 $0.5\,L$ 容积的瓶中，瓶埋在土里，瓶颈口高出地面 $1\sim2\,cm$。降水由漏斗进入瓶中，每次降水过后，将瓶中的水倒入量杯中测定体积。

雨量计的技术要求参考《降水量观测规范》（SL21—2006）。

集雨槽是观测森林冠层穿透降水特有的一类装置，其简单易行，经济耐用，被许多台站采用，适合于在林冠的疏密、间隙分布变化很大的样地使用。集雨槽整体呈沟槽状，根据林冠结构的空间变异性，可以制造不同长度的集雨槽，一般长几米到几十米，宽 $20\,cm$、深 $25\sim30\,cm$，在底部装有可虑除落叶的网，水量可以用贮水型或自记型的量水器测定。集雨槽一般采用防锈耐腐蚀的镀锌铁皮或其他金属制作，沿微地形顺势安装，高出地面 $10\sim20\,cm$，为准确计算穿透降水量，必须将集雨槽的受雨面积准确获得，减少因仪器缺陷带来的系统误差。集雨槽的安装尽量覆盖不同的林冠结构，以反映整个冠层的平均状况。集雨槽的雨水排出口应保持最低位置以保证雨水的顺利排出和收集，排出口和承雨器（量水器）之间用连通管连接，管道密封并设有排气孔。承雨器（量水器）的容积不小于 $1\,L$，根据台站雨量强度和大小适当增加。

6.7.1.2 树干径流量观测方法和仪器设施基本要求

树干径流观测采用树干径流收集槽和雨水收集瓶或桶。

收集槽可以是镀锌铁皮或者是聚乙烯橡胶管做成。收集槽呈 U 形。

铁皮收集槽的安装要求：收集槽可以做成圆形状，镶嵌在树干上，将收集槽与树干的接触面用密封胶封死，防止径流从此渗漏，收集槽的开口端应该略低一些，便于雨水排泄，在开口端连通橡胶软管，软管插入收集瓶（桶）中，收集瓶（桶）置于树干基部即可，为防止雨水滴入收集瓶，注意在收集瓶上方设置一个简易的防雨设施。

橡胶管收集槽的安装要求：将直径为 $2.0\sim3.0\,cm$ 的聚乙烯橡胶环开口向上，呈 U 形，将开口橡胶管呈螺旋形缠于树干下部，缠绕时与水平面呈 $30°$ 角，缠绕树干 $2\sim3$ 圈，或者亦可以以圆形缠绕在树干上，用炮钉将收集管固定在树上，并用橡胶泥等密封材料将收集槽与树干缝隙密封，用连通管将收集槽雨水引入下面的收集瓶（桶）。

树干径流收集槽的布设要求：一般地，在设置树干径流观测设施前，要调查样地内所有树木的胸径大小，然后按照每隔 $4\,cm$ 为一个径级，将不同胸径的树木归于不同级别，对每一级别的树木，选取 4 棵左右树木作为观测树。由于树木胸径与冠幅及叶面积指数的关系在不同树种之间还存在差异，如果样地内优势树种较多，在选择观测样树时，还应该分树种来分别选择，每一类优势树种按不同胸径分级，每一级选择 $2\sim3$ 棵树实施观测。

6.7.1.3 枯枝落叶层含水量观测方法与仪器设施基本要求

枯枝落叶层含水量的观测采用烘干法，通过采集枯枝落叶层的枯枝落叶样，在室内称重烘干来获取枯枝落叶层含水量。观测方法主要需要注意的事项是样方的设计，其余的注意事项可以参考土壤含水量烘干法观测的基本要求。

由于林下枯枝落叶层含水量可能的空间变异性，在观测样地枯枝落叶层含水量时，应该设置多个采样样方，具体采样样方的多少取决于样地的大小和样地植被和枯枝落叶的空间变异性。样方的大小一般设计为 $0.2\,m\times0.2\,m$，或者 $1.0\,m\times1.0\,m$，还有的设置成 $0.25\,m\times0.4\,m$ 以便于计算。在样方采样前，一定要观测样方的面积大小，这样才能将含水量换算为以毫米（mm）表示的量。

6.7.2 操作规范

6.7.2.1 穿透降水量和树干径流量的观测

穿透降水和树干径流的观测方法类似，都是通过雨水收集装置将雨水收集到一个量水器中。这个量水器可以是一个塑料桶、玻璃瓶、量杯等，要保证有足够的容积容纳一次降雨过程的雨水。

穿透降水和树干径流的观测频度都是雨后观测，即一次降雨过后观测，如果降雨强度大，预估量水器容纳不下这些雨水，观测人员应在降雨过程中及时更换即将升满的量雨器。

观测就是将量雨器取回室内，用量杯测量雨水的体积并记录下来，通过承雨装置（穿透降水）或树冠冠幅面积折算成毫米（mm）数。或者采用称重的方法，称得雨水的重量，转换为雨水体积，再折算成毫米（mm）数。最后通过统计方法计算出样地内的平均穿透降水量和树干径流量。具体的统计方法可参考《陆地生态系统水环境观测规范》中的说明。

雨量自动观测装置一般不需要人工辅助，主要注意随时维护并下载数据。

6.7.2.2 枯枝落叶层含水量的观测

枯枝落叶层含水量的观测通过采集枯枝落叶到室内，通过烘干法测定质量含水量，或者转换为毫米（mm）数，采样面积根据台站样地自身特点确定，但必须准确，减少数据转换时带来的误差。枯枝落叶层含水量的观测频次可以安装土壤含水量的观测频次实施，也可以适度放宽，根据样地内情形确定。

6.7.3 仪器设施的维护与管理

6.7.3.1 穿透降水观测仪器设施的维护与管理

穿透雨观测设施维护主要涉及对降水收集槽的维护。森林内凋落物较多，观测员在每天观测时应注意对收集槽进行清理，及时清除槽内杂物，要求每天检查，并非只是雨天之后才检查，保证槽内没有积水，保持出水管路随时畅通。

降水收集槽与量水器之间的连通管道也需要定期检查，发现连通管漏水或老化，应及时修理或更换。

及时清理量雨器内的杂物或尘埃，保持量雨器内的干净。

6.7.3.2 树干径流观测仪器设施的维护与管理

树干径流收集所用胶管每年更换一次，若年内因树木生长造成胶管断裂，则应立即对其进行更换。

每次观测应检查胶泥涂抹情况。若发现胶泥脱落或缺失，应立即进行修补。胶泥不便野外存放，观测员外出观测时应注意随身携带。

有较大降雨而无树干径流时注意检查胶管收集一侧的畅通情况，发现堵塞后及时疏通。

及时清理量雨器内的杂物或尘埃，保持量雨器内干净。

6.7.4　元数据规范

（1）样地背景信息表

样地名称		样地编码		样地坐标	
样地面积		植被类型		土壤类型	
坡度坡向		郁闭度		建立资料日期	
乔木层平均高度/m		乔木层平均胸径/cm		乔木层平均盖度	
灌木层平均高度/m		灌木层平均基径/cm		灌木层盖度	
观测指标		观测频次		观测方法	
备注					

（2）雨量观测手工记录表

样地名称：　　　　　　　　　　　　　月份：

日期	时间（时、分）	储水瓶编号	测点编号	实测水量/ml	折算水量/mm	备注

6.8　沼泽湿地水深观测质量控制

6.8.1　观测方法和仪器设施基本要求

　　沼泽湿地积水水深的观测设置专门的观测样地和观测设施，并安装观测仪器进行人工或自动观测。沼泽湿地水深的观测采用水尺或者自记式水位计进行观测，与水位的观测类似。主要的仪器和设施为：基座、水尺或水位计。基座用于在湿地沼泽中安装水尺或水位计的需要，安装基座应稳定牢靠，一般应打入母质层，北方季节冻土区应深于冻层，以免冻胀上下移动或歪斜。

　　水位尺的精度应该到毫米（mm）级。

　　观测水深时，一般要先确立一个基准面，测量的是基准面与水面之间的长度。观测基准面的确定主要以基准面位置稳定，不受或少受湿地演化过程的影响。由于湿地积水水深是水面至基准面的距离，基准面必须长期保持稳定，基准面不会因冻胀、侵蚀出现变动，因此基准面应做特殊设置，如底座用钢筋混凝土或防锈材料做成，基础足够深，有条件时应测量出基准面的绝对高程。对无植被（如湖泊）或植被稀少的湿地来说，其基底为沙质或淤泥，水位标尺的零点应与底面水平。若因淤积或冲蚀，湿地底面年度或季节间有波动，应一并记录。对植被茂密的湿地，如沼泽湿地，因植被每年不能完全分解，堆积的植物残体及泥沙（来自降尘和汇流来沙）使湿地底面不断抬升，形成很厚的草根层，且饱含水分，松软易变形，如以草根层顶面作为基准，水深不易测量准确，因此应以草根层底面作为水深测量的基准面。这不但可以增加年际间测量值的可比性，也避免了北方湿地因冬季表层冻涨变形产生的基准面变化，使年际间测量误差增大。

6.8.2　操作规程

采用人工读数时，通过目测水位标尺的读数，精确到毫米（mm）级。自记式水位计则可以通过数字传输技术通过电缆直接在岸边或室内读取数据，可以对水位进行连续观测。

每次读数时，应该同时测量水面到底质淤泥表面的距离，并推算淤泥草根层的厚度，记录下积水水深和淤泥草根层厚度。

测量为每天观测一次。尽量固定时间观测。度量的单位为毫米（mm）。

6.8.3　仪器设施维护与管理

观测样地和仪器设施的维护与管理主要注意以下几个方面：

（1）样地管理。要维持样地的自然状态，或者根据监测目的的需要维持某种利用形式，减少各类不必要的人类活动对样地自然物质循环过程的破坏。

（2）观测基座的维护与管理。定期查看基座的稳定情况，每年对基座的位置、高程等进行重新测量，如果发生基座位移或倾斜，应该进行维修和矫正，当基座高程发生改变后，对后续数据要进行有针对性的标定，以保证长期监测数据的可比性。

（3）观测仪器的维护与管理。水尺需要定期清洁，并查看破损情况，自记式水位计需要定期标定，可以每年标定一次。水位计的标定参考本书相关章节的说明。

6.8.4　元数据规范

样地背景信息表

样地名称		样地编码		样地坐标	
样地面积		植被状况		土壤类型	
水分状况		管理方式		建立资料日期	
基座高程/m		基准面高程/m		水尺量程	
观测指标		观测频次		观测方法	
备注					

7　水环境观测室内分析质量保证与质量控制措施

实验室质量控制是水环境观测质量保证的重要组成部分，ISO/IEC 17025：2005《检测和校准实验室能力认可准则》和《实验室资质认定评审准则》中明确规定实验室应有质量控制程序以监控检测和校准的有效性。实验室质量控制包括实验室内部质量控制和实验室间质量控制，前者是实验室内部对分析检测质量进行自我控制的过程，后者是指由外部有工作经验和技术水平的第三方或技术组织（如实验室认证管理机构、上级监测机构），通过发放考核样品等方式，对各实验室报出合格分析结果的综合能力、数据的可比性和系统误差作出评价的过程，其目的是发现和消除实验室检测结果存在的系统误差和影响因素，保证测试结果的可溯源性和可比性。外部质量控制有能力验证、实验室间比对和测量审核三种类型。

7.1　实验室分析基础条件

7.1.1　实验室分析基础条件

7.1.1.1　人员

（1）人员技术要求

实验室分析人员应具备扎实的环境监测、分析化学基础理论和专业知识；正确熟练地掌握水监测分析操作技术和质量控制程序；熟知有关环境监测管理的法规、标准和规定；学习和了解国内外水监测分析新技术、新方法。

（2）持证上岗制度

凡承担水质监测分析工作、报告监测数据者，必须参加持证上岗考核。经考核合格、并取得（某项目）合格证者，方能报出（该项目）监测数据。

7.1.1.2　实验室环境

应保持实验室整洁、安全的操作环境，通风良好，布局合理，相互干扰的监测项目不在同一实验室内操作，测试区域应与办公场所分离。

分析过程中有废雾、废气产生的实验室和试验装置，应配置合适的排风系统；产生刺激性、腐蚀性、有毒气体的实验操作应在通风柜内进行。分析天平应设置专室，安装空调、窗帘，南方地区最好配置去湿机，做到避光、防震、防尘、防腐蚀性气体和避免对流空气。化学试剂贮藏室必须防潮、防火、防爆、防毒、避光和通风，固体试剂和酸类、有机类等液体试剂应隔离存放。

对分析过程中产生的"三废"应妥善处理，确保符合环保、健康、安全的要求。

7.1.1.3 实验室用水

一般分析实验用水电导率应小于 3.0 μS/cm。特殊用水则按有关规定制备，检验合格后使用。盛水容器应定期清洗，以保持容器清洁，防止沾污而影响水的质量。

7.1.1.4 实验器皿

根据实验需要，选用合适材质的器皿，使用后应及时清洗、晾干，防止灰尘等沾污。

7.1.1.5 化学试剂

应采用符合分析方法所规定的等级的化学试剂。配制一般试液，应不低于分析纯级。取用时，应遵循"量用为出，只出不进"的原则，取用后及时密塞，分类保存，严格防止试剂被沾污。不应将固体试剂与液体试剂或试液混合贮放。经常检查试剂质量，一经发现变质、失效的试剂应及时废弃。

7.1.2　仪器设备

（1）根据监测项目和工作量的要求，合理配备实验室分析、数据处理和维持环境条件所要求的所有仪器设备。

（2）用于实验室分析测试的仪器设备及其软件应能达到所需的准确度，并符合相应分析方法标准或技术规范的要求。

（3）仪器设备在投入使用前（服役前）应经过检定/校准/检查，以证实能满足分析方法标准或技术规范的要求。仪器设备在每次使用前应进行检查或校准。

（4）对在用仪器设备进行经常性维护，确保功能正常。

（5）对分析结果的准确度和有效性有影响的测量仪器，在两次检定之间应定期用核查标准（等精度标准器）进行期间核查。

7.1.3　试剂的配制和标准溶液的标定

应根据使用情况适量配制试液。选用合适材质和容积的试剂瓶盛装，注意瓶塞的密合性。

用精密称量法直接配制标准溶液，应使用基准试剂或纯度不低于优级纯的试剂，所用溶剂应为《实验室用水规格》（GB 6682—86）规定的二级以上纯水或优级纯（不得低于分析纯）溶剂。称样量不应小于 0.1 g，用检定合格的容量瓶定容。

用基准物标定法配制的标准溶液，至少平行标定三份，平行标定相对偏差不大于 0.2%，取其平均值计算溶液的浓度。

试剂瓶上应贴有标签，应写明试剂名称、浓度、配制日期和配制人。试液瓶中试液一经倒出，不得返回。保存于冰箱内的试液，取用时应置室温使达平衡后再量取。

7.1.4　原始记录

实验室分析原始记录包括分析试剂配制记录、标准溶液配制及标定记录、校准曲线记录、各监测项目分析测试原始记录、内部质量控制记录等。水环境观测项目较多，分析方法各异，测试仪器亦各不相同，各地可根据需要自行设计各类实验室分析原始记录表式。

分析原始记录应包含足够的信息，以便在可能情况下找出影响不确定度的因素，并使实验室分析工作在最接近原来条件下能够复现。记录信息包括样品名称，样品编号，样品性状，采样时间和地点，分析方法依据，使用仪器名称和型号、编号，测定项目，分析时间，环境条件，标准溶液名称、浓度、配制日期，校准曲线，取样体积，计量单位，仪器信号值，计算公式，测定结果，质控数据，测试分析人员、校对人员签名等。

记录要求：

（1）记录应使用墨水笔或签字笔填写，要求字迹端正、清晰；

（2）应在测试分析过程中及时、真实填写原始记录，不得凭追忆事后补填或抄填；

（3）对于记录表式中无内容可填的空白栏，应用"/"标记；

（4）原始记录不得涂改。当记录中出现错误时，应在错误的数据上画一横线（不得覆盖原有记录的可见程度），如需改正的记录内容较多，可用框线画出，在框边处签注"作废"两字，并将正确值填写在其上方。所有的改动处应有更改人签名或盖章；

（5）对于测试分析过程中的特异情况和有必要说明的问题，应记录在备注栏内或记录表边旁；

（6）记录测量数据时，根据计量器具的精度和仪器的刻度，只保留一位可疑数字，测试数据的有效位数和误差表达方式应符合有关误差理论的规定；

（7）数值修约按《数字修约规则》（GB 8170）执行；

（8）应采用法定计量单位，非法定计量单位的记录应转换成法定计量单位的表达，并记录换算公式；

（9）测试人员应根据标准方法、规范要求对原始记录作必要的数据处理。在数据处理时，发现异常数据不可轻易剔除，应按数据统计规则进行判断和处理。

应该注意的是，不同的时空分布出现的异常值，应从采样点周围当时的具体情况（地质水文因素变化、气象、附近污染源情况等）进行分析，不能简单地用统计检验方法来决定舍取。

7.1.5 校准曲线的制作

校准曲线是描述待测物质浓度或量与相应测量仪器的响应量或其他指示量之间定量关系的曲线。某方法标准曲线的直线部分所对应的待测物质浓度或量的变化范围，称为该方法的线性范围。

（1）按分析方法步骤，通过校准曲线的制作，确定本实验室条件下的测定上限和下限，使用时，只能用实测的线性范围，不得将校准曲线任意外延。

（2）制作校准曲线时，包括零浓度点在内至少应有 6 个浓度点，各浓度点应较均匀地分布在该方法的线性范围内。

（3）制作校准曲线用的容器和量器，应经检定合格，使用的比色管应配套。

（4）校准曲线制作应与批样测定同时进行。

（5）校准曲线制作一般应按样品测定的相同操作步骤进行（如经过实验证实，标准溶液系列在省略部分操作步骤后，测量的响应值与全部操作步骤具有一致结果时，可允许省略部分操作步骤），测得的仪器响应值在扣除零浓度的响应值后，绘制曲线。

（6）用线性回归方程计算出校准曲线的相关系数、截距和斜率，应符合标准方法中规定的要求，一般情况相关系数的绝对值 $|r|$ 应 ≥ 0.999。

（7）用线性回归方程计算测量结果时，要求 $|r| \geq 0.999$。

（8）对某些分析方法，如石墨炉原子吸收分光光度法、原子荧光法、等离子发射光谱法、离子色谱法、气相色谱法等，应检查测量信号与测定浓度的线性关系，当 $r \geq 0.999$ 时，可用回归方程处理数据；若 $r < 0.999$，而测量信号与浓度确实存在一定的线性关系，可用比例法计算结果。

（9）校准曲线相关系数只舍不入，保留到小数点后出现非 9 的一位，如 $0.99989 \rightarrow$ 0.9998。如果小数点后都是 9 时，最多保留小数点后 4 位。校准曲线斜率 b 的有效位数，应与自变量 x 的有效数字位数相等，或最多比 x 多保留一位。截距 a 的最后一位数，则和因变量 y 数值的最后一位取齐，或最多比 y 多保留一位数。

7.1.6　结果的表示方式

（1）分析结果的计量单位应采用中华人民共和国法定计量单位。

（2）浓度含量的表示

地下水环境化学监测项目浓度含量以 mg/L 表示，浓度较低时，则以 μg/L 表示。总碱度、总硬度用 $CaCO_3$ mg/L 表示。

（3）平行双样测定结果在允许偏差范围之内时，则用其平均值表示测定结果。

（4）各监测项目不同监测方法的分析结果，其有效数字最多位数和小数点后最多位数列于表中。

（5）当测定结果高于分析方法检出限时，报实际测定结果值；当测定结果低于分析方法检出限时，报所使用方法的检出限值，并加标注。

（6）测定结果的精密度表示：

a．平行样的精密度用相对偏差表示。

对于平行双样，相对偏差的计算方法为：

$$相对偏差（\%）= \frac{A-B}{A+B} \times 100\%$$

式中，A，B 为同一水样两次平行测定的结果。

对于多次平行测定，相对偏差的计算方法为：

$$相对偏差（\%）= \frac{x_i - \bar{x}}{\bar{x}}$$

式中，x_i 为某一测量值，$\bar{x}$ 为多次测量值的均值。

b．一组测量值的精密度常用标准偏差或相对标准偏差表示，其计算公式如下：

$$标准偏差（S）= \sqrt{\frac{1}{n-1}\sum_{i=1}^{n}(x_i - \bar{x})^2}$$

$$相对标准偏差（RSD，\%）=(S/\bar{x})\times 100$$

式中，x_i 为某一测量值，$\bar{x}$ 为一组测量值的平均值，n 为测量次数。

（7）测定结果的准确度表示：

a．以加标回收率表示时的计算式：

$$回收率（P，\%）= \frac{加标样的测定值 - 试样测定值}{加标量} \times 100$$

b. 根据标准物质的测定结果，以相对误差表示时的计算式：

$$相对误差（\%）=\frac{测定值-保证值}{保证值}\times100$$

7.2 实验室内部的质量控制

7.2.1 实验室内部质量控制内容

7.2.1.1 检查分析方法的精密度、准确度和某些偏差的来源

（1）测定空白的批内标准差，计算出检测方法的检出限。

（2）比较每个浓度的标准（气或溶液，不包括空白）的批内变异和批间变异，检验变异的显著性，以判断检测方法的精密度。

（3）比较标准、样品和加标样品（气或溶液）的标准差，以便发现样品中是否存在影响精密度的干扰物质，并确定有无消除干扰的必要。

（4）测定加标样品的回收率，以便发现样品中是否存在不影响精密度，但能改变方法准确度的因素。

（5）将各标准（气或溶液）的总标准差与检出限浓度标准的标准差比较，以评价检测方法的适用性和检查操作人员掌握常规分析方法的情况。

7.2.1.2 检查本实验室配制的标准（气或溶液）的可靠性

通过检测上一级实验室统一分发的质控样品或考核标准，与本实验室配制的标准进行比较。

7.2.1.3 建立控制图

用质量控制图不断地检验检测方法的精密度和准确度，以便随时改正因时间造成的变化。

常用的质量控制图包括均值-标准差控制图（$\bar{x}$-S 图）、均值-极差控制图（$\bar{x}$-R 图）、加标回收控制图（P-控制图）和空白值控制图（Xb-Sb 图）等。

当逐日分析控制样品重复测定积累到至少 20 个数据后，根据控制样品的分析结果，绘制质量控制图的中心线、上下控制限、上下警告限、上下辅助线。按测定次序将相对应的各统计值在图上植点，用直线连接各点即成质量控制图。当积累了新的 20 个数据后，定期修正中心线、控制线和警戒线，绘制新的质量控制图（图 7-1）。

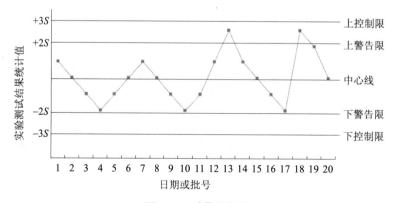

图 7-1　质量控制图

日常分析时，将 1～2 个质控样品与被测样品同时分析。将测试结果按次序标于质控图中，利用控制图进行判断：

（1）落在辅助线范围内的点数应占总点数的 68%，如少于 50%或连续 7 点位于中心线同一侧，表示数据失控，应立即终止实验，查明原因；

（2）控制限（3S）：如果有一个测量值超过控制限，立刻重新分析；如果重新测量的结果在控制限内，则可以继续分析工作；如果重新测量的结果超出控制限，则停止分析工作并查找问题予以纠正；

（3）警告限（2S）：3 个连续点有 2 个超过上下警告限，分析另一个样品，如果下一个点在警告限内，则可以继续分析工作，如果下一个点超出警告限，则需要评价潜在的偏差并查找问题予以纠正。

案例 7-1　某次总氮测定结果的均值-极差控制图

以碱性过硫酸钾测定总氮质控样的结果 20 对（见表 7-1），分别计算均值和差值的上、下警告限和控制限，用计算机绘制均值-差值控制图，见图 7-2。

表 7-1　镉测定结果

测定序号	测定结果		$\bar{x}$	极差 R
	x_1	x_2		
1	0.501	0.491	0.496	0.010
2	0.490	0.490	0.490	0.000
3	0.479	0.482	0.480	0.003
4	0.520	0.512	0.516	0.008
5	0.500	0.490	0.495	0.010
6	0.510	0.488	0.499	0.022
7	0.505	0.500	0.502	0.005
8	0.475	0.493	0.484	0.018
9	0.500	0.515	0.508	0.015
10	0.498	0.501	0.500	0.003
11	0.523	0.516	0.520	0.007
12	0.500	0.512	0.506	0.012
13	0.513	0.503	0.508	0.01
14	0.512	0.497	0.504	0.015
15	0.502	0.500	0.501	0.002
16	0.506	0.510	0.508	0.004
17	0.485	0.503	0.494	0.018
18	0.484	0.487	0.486	0.003
19	0.512	0.495	0.504	0.017
20	0.509	0.500	0.504	0.009

计算可得 $\bar{\bar{x}}$=0.500，$\bar{R}$=0.010，上控制限为 0.5188，下控制限为 0.482；上警告限为 0.512，下警告限为 0.488。

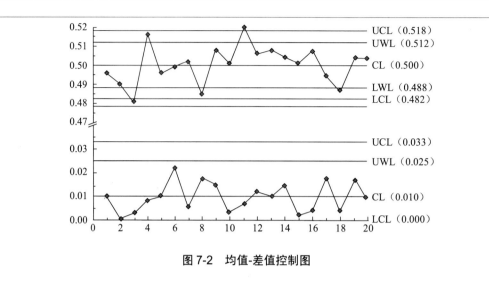

图 7-2　均值-差值控制图

一对平行样品测定结果为 0.511 和 0.489，则平均值为 0.500，差值为 0.022。分析结果的均值和差值均在精密度的控制范围内。

另一对平行样品测定结果为 0.521 和 0.477，则平均值为 0.499，差值为 0.044。分析结果的均值虽在控制限的范围内，但由于其差值超出上控制限，可判断分析精密度失去控制，应停止实验，查找原因。

7.2.2　分析过程中的质量保证措施

在室内分析过程中，影响分析检测结果正确性和可靠性的因素有很多，包括人员、设施和环境条件、检测和校准方法及方法确认、设备、测量的溯源性、抽样、检测和校准样品的处置等，只有对这些因素加以有效地控制，才能确保分析结果的准确、可靠。

7.2.2.1　人员

分析工作要通过人的操作来完成，在整个分析过程中，人员起关键性的主导作用，人员的专业知识、技术能力以及对工作的态度等都直接影响分析结果的质量。对于从事分析工作的人员，必须具备与其工作相适应的专业理论知识、专业技术能力和操作水平。在分析检测前，要正确地选择好分析方法，熟记和读懂分析方法的原理和操作过程（步骤）的技术要求，并能对检验过程中哪些因素影响检验结果的质量进行分析。

分析技术人员在上岗前必须经过专业理论知识的考试和操作技能的考核，合格者方可持证上岗。

案例 7-2　生态网络理化分析室盲样考核表[*]

为了进一步加强生态要素分析室样品分析测试的质量保证和质量控制工作，保证分析室样品分析的准确性和可靠性，所有新进入分析室进行样品分析测试人员，必须参加由理化分析室专业管理人员开展的盲样考核工作。

---

[*] 部金凤

盲样考核需由被考核人员独立完成，检测结果由理化分析室专业管理人员进行评价，并将评价结果及时反馈相关的课题负责人。盲样考核结果准确度和精密度符合要求者，在课题组负责人同意的基础上，方可进行样品的分析测试工作。

分析项目		课题组负责人		分析人员	
分析方法		单位		分析日期	
盲样 1					
1		2		3	
盲样 2					
1		2		3	
盲样 3					
1		2		3	

盲样标准值：＿＿＿＿＿＿＿

准确度：＿＿＿＿＿＿＿　是否达到要求：＿＿＿＿＿＿＿

精密度：＿＿＿＿＿＿＿　是否达到要求：＿＿＿＿＿＿＿

综合评价：＿＿＿＿＿＿＿＿＿＿＿＿＿＿＿＿＿＿＿＿＿＿＿＿＿＿＿＿＿

＿＿＿＿＿＿＿＿＿＿＿＿＿＿＿＿＿＿＿＿＿＿＿＿＿＿＿＿＿＿＿＿＿＿＿

被考核人签字：	考核人签字：	课题组负责人签字：

7.2.2.2　设施和环境

（1）实验室应确保其环境条件不会使结果无效，或对所要求的测量质量产生不良影响，并确保实验室生产安全和实验室人员的安全。对影响检测和校准结果的设施和环境条件的技术要求应制定成文件。

（2）为了保证检测结果的准确性和有效性，实验室除了配备必需的能源、照明外，应根据实验功能的不同配备相应的实验室，根据检测需求来配置相应的设施，并对诸如生物消毒、灰尘、电磁干扰、辐射、湿度、供电、温度、声级和振级等影响分析结果质量的因素进行监测、控制和记录。

（3）实验室应对不相容的检测活动进行有效的隔离，采取措施以防交叉污染；对于有高污染的实验室，应根据工作流程应设置污染区、非污染区并予以明显标识；对影响检测质量和高污染区的实验室应有限制进入标识。

（4）对实验产生的废气、废水和废渣（废弃物）应进行收集、降解、破坏等无害化处理，不允许随便排放和丢弃而污染环境和危害健康。

（5）应采取措施确保实验室良好的内务，必要时应制定专门的程序。

7.2.2.3 分析方法

在选择分析方法时，首先选用国家标准方法、统一分析方法或行业标准方法。实验室应确保使用最新有效的标准版本。当实验室不具备使用标准分析方法时，也可采用环保部公布的方法体系。在某些项目的监测中，尚无"标准"和"统一"分析方法时，可采用 ISO、美国 EPA 和日本 JIS 方法体系等其他等效分析方法，但必须通过空白试验、制备标准曲线、精密度试验、回收试验和测量结果不确定度分析或实验室间比对、能力验证来确认使用新方法的可靠性，并经实验室技术主管批准方可使用。无论何种原因产生的分析方法偏离或采用非标准方法时，必须经过技术判断、授权等程序。应使用适合的方法和操作程序（当方法不详尽时编制的操作程序）开展分析工作，适当时还包括不确定度评定和采用统计技术对分析数据进行分析。

7.2.2.4 仪器设备

设备作为一项重要资源要素，应纳入质量管理体系，参与体系运行，以实现质量方针和目标。因此，应建立符合准则要求的设备管理体系，实行全面质量管理，使仪器设备保持良好的工作状态，满足分析工作的需要。

实验室应对实验室仪器设备进行管理，制定详细的仪器设备管理制度。精密、大型仪器设备的操作人员必须获得相关知识和操作技能的培训，经考核持证上岗，不经过培训的人员不准随意使用。建立仪器设备档案管理制度。

操作人员应严格按照仪器设备的操作规程操作，并在使用前、使用中、使用后做好必要的检查和记录，同时应做好日常维护保养工作，使用频次较少的大型仪器设备及长期不用的电子仪器，每月应至少开机检查一次，并做好维护保养记录。

仪器设备的放置，使用环境应符合技术资料仪器使用说明书的规定，如仪器设备对环境有要求时，其放置的房间应有环境检测、控制手段，并有专人或自动记录仪每天进行环境的监控记录。

主要的仪器设备应有仪器标准操作规程。

<u>建立设备质量管理体系</u>

（1）建立设备管理组织

设备管理组织由质量管理部门、技术部门和支持服务部门构成。根据设备管理工作的特点、范围和工作量，确定管理人员、核查人员、操作人员和服务人员的职责、权力与相互关系，使各项管理职能分解落实到相关部门、相关岗位，尽量做到职责清晰，分工明确。

（2）制定设备管理程序

设备管理程序是实行设备管理的途径。通过建立相应的程序文件，明确设备管理活动的过程、步骤、内容和所有环节，使各项工作都有章可循。

（3）编写设备作业指导书

设备作业指导书是指导分析检测人员操作设备的规范性文件。一般设备可按照说明书操作，大型、复杂的仪器或操作人员流动性大、性能不稳定的设备需编写作业指导书或操作规程。

健全设备质量管理制度

（1）评审制度

评审是添置或处置设备的一项前期工作，主要从设备的适应性、可靠性、经济性、安全性、维护性等方面综合分析，目的是为了合理配置设备资源，发挥设备的最佳效益。对于大型、贵重、精密的仪器需进行可行性认证，达到技术上先进，性能上可靠，工作上需要，经济上合理；对于租借、维修、淘汰的设备，以及小型或辅助设备，应进行必要的评审。

（2）验收制度

验收是保证添置或维修的设备正常运行的一个重要手段。仪器设备的开箱拆封应在设备管理员、操作人员、供应人员等有关人员都在场时进行，验收过程中，应对设备评审要求、订货合同和装箱清单，逐一清点，并做好记录。对于大型、精密的仪器设备，安装调试后，还应通过一定时期（合同期内）的试运行，根据实际运行效果和各项指标测试结论，确认无质量问题方可验收。仪器设备经验收后方可办理移交手续，交付使用。

（3）使用制度

为延长设备的使用寿命，充分发挥其作用，必须建立设备使用制度，对人员、工作环境、设施条件、维修、保养等提出明确要求作出规定。

（4）记录制度

记录是建立完整的设备档案，保证设备正常运行的一项基础工作，对设备管理的责任落实、制度执行及管理程序的运行和完善都很重要。每台设备从计划选购到淘汰都应保持完整的记录，内容除一般性设备档案外，还应设备购置、检定、维护的计划，论证意见或报告，调试验收报告，设备使用和校准记录，仪器故障和维修记录，运行状况，性能变化，异常现象及整改情况等。

（5）核查制度

核查是证实设备符合技术规范，避免影响检测结果的一项重要举措。操作人员在使用仪器前后，应按照技术规程和说明书，采取自校、比对等方法，校准主要性能参数，保证仪器的准确度和量程范围符合要求。质量管理组应定期检查设备的使用、记录等情况，对新购置或租借的设备、现场检测使用的设备、使用频繁或漂移较大的设备，应制定核查程序，使设备保持良好的工作状态。

仪器设备校准与检定

仪器设备档案

按每台套仪器设备进行建档，档案应包括以下内容：

①仪器设备履历表，包括仪器设备名称、型号或规格、制造商、出厂编号、仪器设备唯一性识别号、购置日期、验收日期、启用日期、放置地点、用途、主要技术指标等；

②仪器购置申请、说明书原件、产品合格证、保修单；

③验收记录；

④检定/校验记录及检定证书；

⑤校验规程（必要时）；

⑥保养维护和运行检查计划；

⑦定期归档的使用记录；

⑧保养维护记录；

⑨运行检查记录；

⑩损坏、故障、改装或修理的历史记录。

案例 7-3　常用仪器的使用注意事项

（1）移液器

a．设定移液体积

从大体积调节到小体积时，为正常调节方法，逆时针旋转刻度即可；

从小体积调节至大体积时，可先顺时针调至超过设定体积的刻度，再回调至设定体积，这样可以保证最佳的精确度。

b．装配移液器吸头

单道移液器，将移液端垂直插入吸头，左右微微转动，上紧即可，用移液器反复撞击吸头来上紧的方法是不可取的，这样操作会导致移液器部件因强烈撞击而松散，严重的情况会导致调节刻度的旋钮卡住。

多道移液器，将移液器的第一道对准第一个吸头，倾斜插入，前后稍许摇动上紧，吸头插入后略超过 O 形环即可。

c．养护

如果液体不小心进入活塞室，应及时清除污染物；

移液器使用完毕后，把移液器量程调至最大值，且将移液器垂直放置在移液器架上；

根据使用频率所有的移液器应定期用肥皂水清洗或用 60% 的异丙醇消毒，再用双蒸水清洗并晾干；

避免放在温度较高处以防变形致漏液或不准；

发现问题及时找专业人员处理。

d．注意事项

当移液器吸嘴有液体时切勿将移液器水平或倒置放置，以防液体流入活塞室腐蚀移液器活塞；

平时检查是否漏液的方法：吸液后在液体中停 1~3 s 观察吸头内液面是否下降；如果液面下降首先检查吸头是否有问题，如有问题更换吸头，更换吸头后液面仍下降，说明活塞组件有问题，应找专业维修人员修理。

需要高温消毒的移液器应首先查阅所使用的移液器是否适合高温消毒后再行处理。

（2）电子天平

天平应放在水泥台上或坚实不易振动的台上，天平室应避开附近常有较大振动的地方。安装天平的室内应避免日光照射，室内温度也不能变化太大，保持在 17~23℃ 范围为宜；室内要干燥，保持湿度 55%~75% 范围为宜。天平放妥后不宜经常搬动。

使用前，要注意观测水平仪，如水平仪水泡偏移，需调整水平调节脚，使水泡位于水平仪中心。称量前应预热 30 min，称量结束后，若较短时间内还使用天平（或其他人还使用天平）一般不用按 OFF 键关闭显示器。实验全部结束后，关闭显示器，切断电源，若短时间内（例如 2 h 内）还使用天平，可不必切断电源，再用时可省去预热时间。

若当天不再使用天平，应拔下电源插头。

（3）冰箱

应根据药品、试剂及多种生物制剂保存的需要，必须具备不同控温级别的冰箱，最常使用的有：4℃、-25℃、-80℃冰箱。4℃适合储存某些溶液、试剂、药品等；-20℃适用于某些试剂、药品、酶、血清、配好的抗生素和DNA、蛋白质样品等；-80℃适合某些长期低温保存的样品、纯化的样品、特殊的低温处理消化液等的保存。

7.2.2.5　制定标准操作程序

SOP（Standard Operation Procedure，标准操作程序），是一个标准操作流程，也是一种管理模式。SOP是一种过程管理而不是结果管理，通过对过程的标准化操作，减少和预防差错及不良后果的发生。SOP是质量管理体系的有机组成部分，也是建立并保持实验室质量管理体系有效运行的重要基础。实验室应将质量活动的所有有关内容都建立SOP，包括样品管理、试剂/标准样品制备/配制、一般实验室技术、检测方法、仪器校准和维护保养、分析项目的操作等。

对于新检测标准或者方法，在进行检测之前需制成程序。程序中至少须包含下列信息：

（1）适当的标识

（2）范围

（3）被检测或校准样品类型的描述

（4）被测定的参数或量和范围

（5）装置和设备，包括技术性能要求

（6）所需的参考标准和标准物质

（7）要求的环境条件和所需的稳定周期

（8）程序的描述，包括：

——样品随附的识别标志及样品的处置、运输、存储和制备

——工作开始前所进行的校核

——检查设备工作是否正常，需要时，在每次使用之前对设备进行校准和调整

——观察和结果的记录方法

——需遵循的安全措施

（9）接受（或拒绝）的准则和/或要求

（10）需记录的数据以及分析和表达的方法

（11）不确定度或不确定度的评定程序

案例 7-4　分析方法确认标准操作程序

1. 目的

对实验室选用的各种方法进行确认，以证实实验室能够正确运用这些方法，并能证实该方法适用于预期的用途，在误差的允许范围之内，可在本实验室内运行。

2. 范围

适用于实验室引进的标准方法或对非标准方法、实验室设计（制定）的方法、超出

其预定范围使用的标准方法、扩充和修改过的标准方法；也适用于对新方法/新技术研究而建立新方法。

3．职责

3.1　技术负责人指定专人负责方法的确认，并对方法确认的结果进行核查批准。

3.2　参加方法确认的工程师应详细记录试验现象及数据，总结实验结果，并编写成文件。

3.3　相关人员严格按此作业指导书作业。

4．名词解释

4.1　检出限

方法检出限是指某一方法在给定的置信水平上可以检出被测物质的最小浓度（相对检出限）或最小质量（绝对检出限）。方法检出限的确定方法有不同，根据不同的检测方法选择合适的确定方法。

4.2　线性

线性关系是指分析方法能够得到与被测物质的量或浓度具有直线关系的测定值的能力。

4.3　精密度

精密度是指从均匀样品中抽取的复数个待测样品进行重复分析测定时，所得到的一系列测定数据彼此之间的一致程度。测定值的误差以偏差、标准偏差或相对标准偏差的形式表示。

4.4　准确度

准确度指分析方法所得测定值与真实值（标准值）相符合的程度，通常以测定重现精密度时所得总平均值与真值的差与真值的比值表示（真值一般使用理论值，如果理论值不存在或即使存在但很难求出的情况下，可采用经过确证或认可的数值来代替）。

4.5　分析结果的不确定度

测量不确定度：表征合理地赋予被测量之值的分散性，与测量结果相联系的参数。

在实际工作中，结果的不确定度可能有很多来源，例如定义不完整、取样、基体效应和干扰、环境条件、质量和容器的不确定度、参考值、测量方法和程序中的估计和假定以及随机变化等。方法确认时，应努力尝试找出影响不确定度的所有分量，并作出合理的评估，并应确保报告结果的表达方式不会引起错觉。合理的评估应建立在对方法实施知识以及测量范围的基础上，并利用过去的经验。对各影响量产生的不确定度分量不应有遗漏，也不能有重复。在评定测量不确定度时，对给定条件的所有重要不确定分量，均应采用适当的分析方法加以考虑。

4.6　方法的灵敏度

灵敏度可用仪器的响应值或其他指示量与对应的待测物质的浓度或量之比来描述。一个方法的灵敏度可因试验条件的变化而变化。在一定的实验条件下，灵敏度具有相对的稳定性。

5．作业内容

5.1　线性评价

5.1.1　准备至少 5 个不同水平的标准溶液，做标准曲线，对其回归方程及线性相关系数进行评价。

5.1.2　标准曲线的最高点浓度不大于最低点浓度的 50 倍。

5.1.3　曲线的最低点最好和报告的检出限相近。

5.1.4　GC 等有机测试的相关系数应该 ≥0.99，ICP 等无机测试的相关系数应该 ≥0.995。

5.2　检出限确认

方法检出限（MDL）

重复测定试剂空白中的标品至少 7 次，计算出标准偏差 S，乘以 3 可以得到 MDL 的估计值。

选择质地均匀的样品，并确保样品无读数，加入和 MDL 估计值浓度相近的标品，重复试验至少 7 次，7 次试验平均分布在 3 d 内完成。

计算加标试验的标准偏差，$MDL = t_{(n-1)} \times S$

其中 t 值是指在 99% 置信区间，自由度为 $n-1$ 时的 t 分布的系数，可查表得出。

计算加标样的回收率和 RSD 值，回收率的范围应该在 70%~130%，RSD≤20%。

回收率=标品的实际值/加标的理论值×100%

5.3　准确度和精确度确认

5.3.1　准确度确认

用加标回收率测定，在样品中加入一定量标准物质测定其回收率。

至少测试 7 次加标样，且 7 次加标样应该平均在 3 d 做完。

记录测试结果并计算回收率，回收率范围应该在 80%~120%，RSD≤20%。对 ICP 等的元素分析的回收率范围应控制在 90%~110%。

5.3.2　精确度确认

试验应尽量覆盖方法提及的不同材质样品。

试验加标水平应尽量覆盖方法的测试范围，要包括比 MDL 稍大的浓度点，线性的最高点。

重复试验至少 7 次，RSD≤20%。

5.4　试验的不确定度确认评估

5.4.1　按规定测量，该资料在相对应的 SOP 中给出。

5.4.2　识别不确定度的来源

考虑与整体方法性能的要素有关的不确定度，例如可观察的精密度和相对于合适的标准物质所测得的标准偏差，这些构成了不确定评估中的主要分量。然后对其他可能的分量进行评估，量化那些显著的量。

5.4.3　不确定度分量的量化

测量不确定度分为 A 类评定和 B 类评定：

根据实际检测数据对观测列进行统计分析，计算重复测量的标准偏差，得出 A 类不确定度；

根据有关技术资料和测量仪器特性或者校准证书等信息用不同于 A 类评定的方法评定 B 类不确定度。

5.4.4　计算合成不确定度

根据有关规则对不确定度的分量进行合成，得到合成不确定度，用合成不确定度乘上包含因子可以得到扩展不确定度。

5.5　数据记录

试验人员在实验过程中应详细记录试验的整个过程，包括样品的制备方法、标准品的级别及试剂的调配、试验环境、分析测试参数、注意事项、分析结果等。

5.6　方法确认报告的编写

试验结束后，工程师应编写方法确认报告，内容至少应包括如下信息：

a）范围。

b）被检测物品类型的描述。

c）需要确定的参数和量值。

d）所需的装置、设备及标准物质。

e）要求的环境条件。

f）方法验证参数记录，评定合格的判据和（或）要求。

g）需记录的数据以及分析和表达的方法。

h）不确定度或评定不确定度的程序及结果。

i）程序的说明，包括：

被测样品的识别标志、处置、运输、储存和准备；

检测工作前的检查；

检查设备是否正常，必要时每次使用前的校准或调整；

数据和结果的记录方法；

需遵循的安全措施等。

5.7　方法确认报告的审核

方法确认报告交给技术负责人等审核，经批准后方可在检测室推行该检测方法。

案例 7-5　玻璃容器清洗操作规范

1　目的

建立玻璃仪器清洁标准操作程序。

2　依据

国家药品监督管理局《药品生产质量管理规范》（1998 年修订）。

3　范围

本标准适用于 QC 实验室玻璃仪器标准清洁操作。

4　职责

各 QC 检验员负责对本标准的实施。

5　程序

5.1　清洁实施条件及频次：首次使用前，实验完毕后，贮存超过规定。

5.2　清洁地点：实验室，实验室清洁间。

5.3　清洁用设备或设施：毛刷。

5.4　清洁剂及其配制

5.4.1　洗衣粉水溶液：取 1g 合成洗衣粉加自来水或去离子水 1ml 溶解即得。注意使用一周后倒掉重配。

5.4.2　铬酸洗液：取 20 g $K_2Cr_2O_7$ 加 40 ml 自来水或去离子水搅拌溶解，待冷却后，慢慢加入 360 ml 浓硫酸，边搅拌边加入，冷却后装瓶备用（注意一定是浓硫酸往水里加）。如在使用过程中变成绿色或黑色表明洗液已失效，需要重配。

5.5　普通玻璃仪器的清洁方法

5.5.1　自来水冲洗数次，置洗衣粉水溶液浸泡 1h 用适宜毛刷反复洗数次，以自来水冲洗至无泡沫。

5.5.2　去离子水荡洗 3 遍。如仍未洗干净，则加铬酸洗液浸泡 4~6h 过夜，倒出洗液，用自来水冲洗干净后再用去离子水荡洗 3 遍。倒出洗液，用水冲洗干净。

5.6　玻璃量器包括滴定管、移液管、容量瓶、量筒的清洁方法。

5.6.1　自来水冲洗数次，置洗衣粉水溶液的超声波清洗仪中超声 10 min，取出，以自来水冲洗至无泡沫。

5.6.2　去离子水荡洗 3 遍。如仍未洗干净，则加铬酸洗液浸泡 4~6h 过夜，倒出洗液用水冲洗干净后再用去离子水荡洗 3 遍。

5.7　干燥与存放

倒置自然晾干，置专用仪器柜中倒置或加盖贮存。如急用时，以无水乙醇洗后，自然晾干。

5.7.1　清洁效果评价：倒置，水流出后器壁不挂水珠，否则重洗。

5.7.2　注意不能用铬酸洗液洗净含有乙醚的仪器，乙醚遇到洗液易发生爆炸。

案例 7-6　容量瓶标准操作规范

1　目的

建立单标线容量瓶（量瓶）标准操作程序。

2　依据

国家药品监督管理局《药品生产质量管理规范》（1998 年修订）。

3　范围

本标准适用于单标线容量瓶（量瓶）标准操作。

4　职责

各 QC 检验员负责对本标准的实施。

5　程序

5.1　量瓶的类型。

5.1.1　目前使用的量瓶大多属于非互换性口和塞，生产时已配套加工好，故不能与其他量瓶互用。

5.1.2　对于可互换性塞，按其尺寸和号别可以互用。使用前应检查塞子和瓶颈上的号码，不同号不能使用，通常操作者将塞子用塑料线系在瓶颈上避免换错。

5.2　使用前应检查磨口是否漏水。

5.3　干燥量瓶时通常用自然干燥法，不应放入烘箱烘烤。

5.4　当量瓶用于配制水溶液时，经清洗后可直接配液，不需干燥处理。

5.5 配制溶液。

5.5.1 通常可将称量的固体置于烧杯中加纯水（或适当溶剂）溶解，然后，将溶液定量转移入量瓶中，再用纯水稀释。

5.5.2 若是固体极易溶解，且溶解热效应较小，也可以通过小漏斗直接把固体转移到量瓶中溶解。当水加到量瓶容积的 3/4 处时，旋摇量瓶（注意不要倒置）使溶液大致混合。此时，继续加水至距离标线约 1 cm 处，静置 2 min，让瓶颈上的液体沥下，然后让纯水从标线以上 1 cm 以内的一点沿着瓶颈流下，使液面调定在标线上，盖上瓶塞，倒置量瓶，摇动数次，正立后再倒过来摇动数次，如此反复多次，使瓶内溶液混匀。

5.6 配制有色溶液时，液面的调定与上述方法相同。用此种方法调定液面，即使是溶液颜色较深，但由于最后加的水在溶液上层，尚未混合，其弯液面依然十分清晰。因此，可按弯液面最低点调定液面，不采用弯液面上边缘（液面两侧最高点）的调定方法。

5.7 若用量瓶稀释溶液，先用移液管移取一定体积的溶液放入量瓶，然后再用水稀释至离标线 1 cm 处，静置 2 min 沥液后，再调定液面。液面的调定和液体的混匀方法与固体配液相同。

5.8 热溶液须冷却至室温后，才能稀释并调定液面。

5.9 溶液不能长期存放在量瓶中，应转移到磨口试剂瓶中保存，量瓶用毕后须清洁干燥，若长期不用，须用纸片夹在口、塞之间以免口塞粘住。

案例 7-7　Smart chem 200 测定水样中硫酸根的操作步骤

1　适用范围

本方法可应用于饮用水、地表水、生活用水以及工业废水。

本方法的应用范围是 10～40 mg/L 硫酸盐，该量程可通过手动或 Smart chem 预稀释扩展，最小检测限为 1 mg/L。

2　方法原理

水中硫酸盐和钡离子生成硫酸钡沉淀，形成浑浊，其浑浊程度和水中硫酸盐含量成正比，在 420 nm 波长下对溶液进行测量，得出的结果与标准曲线进行比较。

3　干扰因素

3.1 硅酸浓度超过 500 mg/L 将影响测量。

3.2 悬浮物质和颜色可影响测量，可通过 Smart chem Blanking 来校正。

4　试剂和标准溶液的配制

4.1　配制试剂用水

蒸馏水或去离子水。

4.2　缓冲溶液

4.2.1　缓冲试剂 A（当硫酸盐的浓度大于 10 mg/L 时使用这种试剂）：称取 7.25 g 六水合氯化镁，1.25 g 三水醋酸钠，0.25 g 硝酸钾和 5 ml 醋酸（99%）分别溶解到含 150 ml

水的 250ml 烧杯中，然后用水稀释至 250ml，反转 5 次混匀。使用前向试剂瓶中加入 2~3 滴探针清洗液浓缩液摇匀即可。

4.2.2 **缓冲试剂 B**（当硫酸盐的浓度小于 10mg/L 时使用这种试剂）：称取 7.25g 六水合氯化镁，1.25g 三水合醋酸钠，0.25g 硝酸钾，0.028g 无水硫酸钠和 5ml 冰醋酸（99%）分别溶解到含 150ml 水的 250ml 烧杯中，然后用水稀释至 250ml，反转 5 次混匀。使用前向试剂瓶中加入 2~3 滴探针清洗液浓缩液摇匀即可。

4.3 氯化钡溶液

称取 40.0g 结晶氯化钡溶解到 50ml 水中，用水定容到 100ml。轻轻旋转混匀然后将氯化钡溶液转移至清洁的塑料瓶中。在室温下保存，不要冷藏这种试剂。使用前向试剂瓶中加入 2~3 滴探针清洗液浓缩液摇匀即可。

注意：如果用加热准备饱和氯化钡溶液，允许溶液放冷后加入 2~3 滴探针清洗液浓缩液摇匀即可。

4.4 标准储备液（100mg/L SO_4^{2-}）

称取大约 1g 硫酸钠 Na_2SO_4 放到烘箱中在 105℃下烘干 1h，将烘干后的硫酸钠放到干燥器中冷却至室温，称取 0.1479g 硫酸钠溶解到 300ml 水中，用水定容到 1L。

4.5 标准母液（10mg/L SO_4^{2-}）

量取 10ml 100mg/L 硫酸盐标准储备液（4.4），用水定容到 100ml。

4.6 标准母液（40mg/L SO_4^{2-}）

量取 40ml 100mg/L 硫酸盐标准储备液（4.4），用水定容到 100ml。

4.7 比色杯清洗液

量取 50ml 比色杯清洗液浓缩液加入到约 700ml 水中并用水稀释定容至 1L，反转 5 次混匀。在室温下保存。

4.8 探针清洗液

量取 0.5ml 探针清洗液浓缩液加入到 1L 水中，反转 5 次混匀。在室温下保存。

5 样品收集、保存与存储

5.1 样品应该在保存在塑料或玻璃瓶内。所有瓶子必须彻底清洁并用试剂水清洗。收集的量应该足以代表性，而且可以重复进行分析，减少废液处理。

5.2 收集样品 4℃下冷却保存。

5.3 样品在收集后应尽快分析。如果需要保存，应保持 4℃。

6 校准与标准化

6.1 准备测量范围内的 4~7 个标样，因为该方法校准曲线是非线性的。用试剂水将适当体积的标准母液（4.6）稀释到 100ml 制备标准溶液。Smart chem 的标样母液校准模式中，试剂空白来自 RBL 瓶。

6.2 根据浓度增加次序，放适当的标样进标样架的位置上。

6.3 精度下降在 40mg/L 以上，硫酸钡悬浮液即失去稳定性，通过每 3~4 个样品，测量 1 个标样，检查校准曲线。

7 程序

7.1 打开化学分析仪的电源开关，开机。

7.2 打开电脑，在电脑桌面上找到 Smart chem New 图标，双击打开程序软件。出现一个窗口，要求输入 User name: Westco 和 Password: joe。按确认键，进入程序主窗口。

7.3 等待仪器叫 3 声，约 2~3 min，等待电脑程序与化学分析仪连接成功。由于化学分析测量在一定温度下进行，因此系统要求开机后需要预热 30 min（比色杯反应盘温度要求达到 37.2±1℃）。

7.4 开始测量

7.4.1 向清洗液桶内加入清洗溶液（Ⅰ号桶装探针清洗液，Ⅱ号桶装去离子水，Ⅲ号桶装比色杯清洗液）。

7.4.2 按 Wash Cuvette 按钮，清洗比色杯（第 1 次安装调试，或长时间仪器未使用再次开机，需要完全清洗比色杯）。

7.4.3 按 Start WBL 按钮，进行比色杯水基线测试。测试通过显示蓝色，未通过显示红色（检查原因）。一般测试时做 2 次，两次差值不要超过 500。

7.4.4 按 Sample Entry 按钮，进入样品输入窗口。

7.4.5 在窗口下方方法库（Method）中，选择要测量的参数，双击选中方法。

7.4.6 在样品接收框（Accept Samples box）中输入测量样品数量（# of Samples）。

7.4.7 点击 √（Accept Samples）。

7.4.8 输入样品编号（名称）（Sample ID's）。

7.4.9 检查无误后按 SAVE 按钮（窗口左上角红色 disk 图标）保存运行计划。

7.4.10 按 System Monitor 按钮，进入系统监控窗口。

7.4.11 双击运行计划旁的"+"号，选择要运行的计划。

7.4.12 根据系统监控窗口的显示，装入样品、校准标样、控制对照样、稀释液和空样品杯等，然后盖上仪器盖。注意样品、试剂等在加样时不要太满，否则仪器将报错，并停止测量。

7.4.13 检查探针清洗液、去离子水和比色杯清洗溶液是否充足。

7.4.14 按→（Start）按钮，启动运行。

7.4.15 如果需要运行 Wash 和 WBL，Calibrates 和 RGL，请选中相应复选框，点击 OK。如果不需要，不选（WBL 应该每天运行至少一次）。

7.4.16 按→开始测量。注意：仪器运行过程，都有相关颜色显示运行状态。运行完成后，显示校准曲线和测量结果。

8 数据分析与计算

8.1 准备校准曲线：采用标样浓度与光学响应（吸光度或光学密度）作图；依靠比较样品光学响应和标准曲线来计算样品浓度。响应结果乘以适合的手动样品稀释因子。当 Smart chem 被设置为自动重运行时，稀释修正将在报告结果中被报告。

8.2 数据报告仅包含那些在标样的最低和最高值之间的数据。超过标样最高值的样品应该被稀释并重新分析，结果低于 MDL（最低检测限）的样品应该由实验室报告。

8.3 报告结果单位：mg/L。

9 数据结果输出

9.1 按 Option 菜单。

9.2 按 Export 按钮，选择命名测量的文件，选择输出文件格式（Access 和 Excel），将文件保存到指定文件夹中。

10　测量结束后关机

10.1　待仪器自动清洗完毕，取出所有试剂、样品和标样等瓶子。

10.2　按 Exit 按钮，点击 Desktop 图标，退出 Smart chem 程序，返回到电脑桌面。

10.3　使用干净的湿布擦除仪器上可能滴落的溶液和污渍。

案例 7-8　BRAN-LUBBE AA3 型流动分析仪测定水中的铵态氮和硝态氮[*]

1　测定铵态氮方法原理

样品与水杨酸钠和 DCI 反应生成蓝色化合物在 660nm 波长下检测。此方法测定的铵态氮范围为 0～10mg/L。

2　测定铵态氮试剂

2.1　稀释水和系统清洗液

将 2ml Brij-35 30%溶液加入 1000ml 去离子水中。

2.2　缓冲溶液

将 40g 柠檬酸钠溶入约 600ml 去离子水中，稀释至 1000ml。再加入 1ml Brij-35 30%溶液，并混合均匀。每周更换。

2.3　水杨酸钠溶液

将 40g 水杨酸钠溶入约 600ml 去离子水中，加入 1g 硝普钠，稀释至 1000ml 并混合均匀。每周更换。

2.4　二氯异氰脲酸钠溶液（DCI）

将 20g 氢氧化钠和 3g 二氯异氰脲酸钠溶入约 600ml 去离子水中，稀释至 1000ml 并混合均匀。每周更换。

2.5　标准贮备液

将 3.8186g 氯化铵溶入约 600ml 去离子水，稀释至 1000ml，此为 1000mg/L 铵态氮标准贮备液。将 7.218g 硝酸钾溶入约 600ml 去离子水，稀释至 1000ml，此为 1000mg/L 硝态氮标准贮备液。

2.6　混合系列标准溶液配制

吸取铵态氮标准贮备液 1ml 于 100ml 容量瓶中，用去离子水定容至刻度，此为 10mg/L 铵态氮标准液；吸取硝态氮贮备液 1ml 于 100ml 容量瓶中，用去离子水定容至刻度，此为 10mg/L 硝态氮标准液。分别吸取 10mg/L 的铵态氮与硝态氮标准贮备液 0ml、0.25ml、1ml、1.5ml、2.5ml、5ml、7.5ml、12.5ml 于 25ml 比色管中，用去离子水定容至刻度。此系列标准溶液含铵态氮和硝态氮各 0mg/L、0.1mg/L、0.4mg/L、0.6mg/L、1mg/L、2mg/L、3mg/L、5mg/L。

3　测定硝态氮方法原理

硝酸盐在碱性环境下在铜的催化作用下，被硫酸肼还原成亚硝酸盐，并和对氨基苯磺酰胺及 NEDD 反应生成粉红色化合物在 550nm 波长下检测。加入磷酸是为了降低 pH 值，防止产生氢氧化钙和氢氧化镁，加入锌是为了抑制氧化物和铜的反应。此方法测定

---

[*] 部金凤

的硝态氮范围为 0~5 mg/L，进样速度为每小时 50 个样品。

4 测定硝态氮试剂

4.1 稀释水和系统清洗液

将 2 ml Brij-35 30%溶液加入 1 000 ml 去离子水中。

4.2 进样器清洗液

用没有活化剂的纯水。

4.3 硫酸铜贮备液

将 1 g 硫酸铜溶入约 600 ml 去离子水中，稀释至 1 000 ml 并混合均匀。

4.4 硫酸锌贮备液

将 10 g 硫酸锌溶入约 600 ml 去离子水中，稀释至 1 000 ml 并混合均匀。

4.5 显色剂

将 10 g 磺胺溶入约 600 ml 去离子水中，加入 0.5 g NEDD 并混合均匀。加入磷酸，稀释至 1 000 ml，储存于棕色瓶中。每周或试剂吸收超过 0.1 AU 时更换。

4.6 氢氧化钠（NaOH）

将 10 g 氢氧化钠溶入约 600 ml 去离子水中，小心地加入 3 ml 并混合均匀。稀释至 1 000 ml 并加入 1 ml Brij-35 30%溶液。

4.7 硫酸联胺

将 10 ml 硫酸铜贮备液，10 ml 硫酸锌贮备液和 2 g 硫酸肼加入约 600 ml 去离子水中，稀释至 1 000 ml 混合均匀。

4.8 标准系列配制

见 2.6。

5 操作步骤

（1）打开所有电源，检查所有管道是否安装无误（进样管道和排废液管道是否连接在正确的位置），滤光片是否更换（测定硝态氮时滤光片为 550 nm，测定铵态氮时滤光片为 660 nm）。加热和紫外消化是否连接等。如果有活化剂的管道，先把它放入活化试剂中，其余管道放入蒸馏水。

（2）打开 AACE 软件，在主菜单中单击 "charting" 进行联机，下载程序（下载过程中泵会停止工作）。下载结束后，出现通道运行情况的画面，泵继续工作。

（3）设置新方法或新的运行文件。建立新的运行文件，先从 "set up" 下拉菜单中 "analysis" 中选一个运行，按 "copy run"，复制新的运行，修改样品数目。

（4）在主菜单中左下角双击左键，选择设置好的使用方法。

（5）关闭不需要的通道，在需要使用的通道中，单击右键，在下拉菜单中调灯强度，单击 "autolamp"，左下角会出现 "autolamp in progress"，稍等，出现灯值 "lamp value: XX"。再单击右键，在下拉菜单中调节基线，单击 "set base"，等待基线稳定。基线平稳后，把管道放入对应的试剂瓶中。确定所有试剂已通过流通池，检查试剂吸收。如果试剂吸收远远超过所给方法的标准，更换相应试剂。如果基线不平稳，检查管路中的气泡，特别是流通池流出管路中气泡，塑料管中的气泡必须前后都是圆的，如果不是，请检查是否加了表面活化剂，管路是否正确或被污染。等待通入试剂的基线稳定后，再单击 "set base"。

（6）设增益。在主菜单中双击左键进样器"sampler"，出现一个新的界面，单击"wash"，等进样"sample"变黑后，单击"sample"，样品针开始吸样，保持 1.5 min，再单击"wash"，使样品针回到清洗处。等待出峰，当峰上升至最高点并保持平稳时，单击右键，在下拉菜单中单击"set gain"调节增益。

（7）设完增益，再次等待基线平稳，然后单击"set base"。

（8）在主菜单中，单击"stop"，关闭所有通道的画面，然后单击"run"，选择步骤 3 设置好的运行文件。

（9）运行开始。运行过程中，如果出现超标的标准或样品，会自动出现提示对话框，按"yes"即可。

（10）运行结束后，也会自动出现提示对话框，按"yes"，完全结束分析。

（11）清洁所有管路。首先检查方法，使用方法所描述的专门的系统清洗液，假如方法没有具体指出某种清洗液，使用去离子水和活化剂清洁系统。注意，清洁过程中，活化剂不能进入蒸馏器和消化器。如需要特殊的清洁，使用以下溶液：1 mol/L NaOH，即 40 g/L NaOH；1 mol/L HCl，1 L 去离子水中加入约 83 ml 浓盐酸；1∶10 稀释的次氯酸盐。通常情况下，用碱性洗液清洁使用酸试剂的管道，用酸性洗液清洁使用碱性试剂的管道。

（12）把泵的速度调到快速，吸入清洁液 10 min 以上，直到管道清洁干净。然后再用蒸馏水或二次水清洁 15 min 以上（如果长时间不使用，把所有管路置于空气中，排干水分）。关掉泵的电源，取下泵的压盖，放松泵管，把压盖倒扣在泵上。

（13）关闭所有电源。

6　BRAN-LUBBE AA3 型流动分析仪系统维护保养

（1）每周的维护。每周，或每次试剂或泵管更换的时候，检查试剂吸收和灵敏度；移动空气阀下的空气管，压住新的部分；检查泵管，加入损坏或有污垢，更换新泵管。

（2）200 h 的维护。操作 200 h（相当于 5 周，按每周工作 5 d，每天 8 h 计算）后，必须做以下的维护：更换泵管，移开泵管，取出压条，用异丙醇或乙醇润湿的布擦拭干净；用异丙醇或乙醇润湿的布擦拭泵的 8 根辊（不擦链条）和压盖；在压条的底部轻轻涂上一薄层润滑油；分别在两块吸油海绵上滴加 2 滴润滑油；分别在链条两侧的两个油孔滴加 1 滴润滑油，并在每一个辊和链条的交接处加 1 滴相同的润滑油，旋转辊，擦去多余的油；更换新的空气管，透析膜。

（3）每一年的维护。更换比色计的灯；检查滤光片是否边沿部分变黑，如果这样，更换滤光片；检查泵两侧的海绵，如果损害应更换；检查泵压盖的压力，需专业人员操作；如果需要，更换所有的导管和接头。

7　校准曲线

BRAN-LUBBE AA3 型流动分析仪分析水样的硝态氮和铵态氮，CERN 水分分中心一般设定 8 个浓度梯度，需要测定样品的浓度点，设在 8 个浓度点的中间。CERN 水分分中心设置浓度梯度为：0 mg/L、0.1 mg/L、0.4 mg/L、0.6 mg/L、1 mg/L、2 mg/L、3 mg/L、5 mg/L，一般的样品测定，该标准曲线的浓度范围基本覆盖了所测样品含量。如果所测样品，氨氮浓度很高，硝氮浓度很低，则需要重新配置标准曲线，CERN 水分分中心碰到此类样品，设置标准曲线的浓度梯度为：氨氮 0 mg/L、0.05 mg/L、0.1 mg/L、0.5 mg/L、1 mg/L、3 mg/L、5 mg/L、7 mg/L，硝氮 0 mg/L、0.01 mg/L、0.05 mg/L、0.1 mg/L、0.5 mg/L、1 mg/L、2 mg/L、3 mg/L，依然配为混标。总之，要根据所分析水样的浓度，设定标准曲线的浓度梯度，以保证样品浓度位于检测限范围之内。

测定每批次样品，必须重新配制标准曲线，CERN 水分分中心要求标准曲线相关度必须达到 3 个 9 以上，否则重新配制标准曲线，下图为本中心用 BRAN-LUBBE AA3 型流动分析仪做出的硝态氮与铵态氮的标准曲线图，硝态氮标准曲线相关度为 0.999 9，铵态氮标准曲线相关度为 0.999 5。

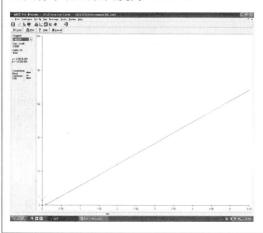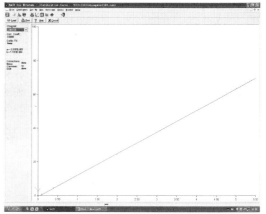

案例 7-9　BRAN-LUBBE AA3 型流动分析仪测定水中磷酸盐*

1　测定水中磷酸盐的方法原理

磷酸盐和钼酸盐及抗坏血酸反应生成一种蓝色化合物在 660 nm 下检测。酒石酸锑钾作为催化剂。

2　测定磷酸盐试剂

2.1　钼酸胺

溶解 1.8 g 钼酸胺至 700 ml 水中，小心地边搅拌边加入 22.3 ml 硫酸。加入 0.05 g 酒石酸钾锑并稀释至 1 L。混合均匀后加入十二烷基磺酸钠。贮存于棕色瓶中，每周更新。

2.2　抗坏血酸

15 g 抗坏血酸溶于 600 ml 蒸馏水，稀释至 1 000 ml。溶液混均，贮存于棕色瓶中，每周更新。

2.3　酸

小心地边搅拌边加入 22.5 ml 硫酸至 600 ml 水中。冷却至室温后稀释至 1 L。加入 2 g 十二烷基磺酸钠混合均匀。每周更新。

2.4　稀释水和系统清洗液

每升加入 2 g 十二烷基磺酸钠。

---

* 部金凤

2.5　进样器清洗液

用不加表面活性剂的纯水。

2.6　标准贮备液

将 4.394 g 磷酸二氢钾溶于 200 ml 水中，稀释至 1 L，此为 1000 mg/L 磷酸盐标准贮备液。

2.7　混合系列标准溶液配制

吸取磷酸盐标准贮备液 1 ml 于 100 ml 容量瓶中，用去离子水定容至刻度，此为 10 mg/L 磷酸盐标准液；吸取 10 mg/L 的磷酸盐标准贮备液 0 ml、0.1 ml、1 ml、5 ml、10 ml、30 ml 于 25 ml 比色管中，用去离子水定容至刻度。此系列标准溶液含磷各 0 mg/L、0.01 mg/L、0.1 mg/L、0.5 mg/L、1 mg/L、3 mg/L。

3　水中磷酸盐的测定

测定水中的磷酸盐的仪器设备，操作步骤及系统维护同水中硝态氮、铵态氮的测定。

4　标准曲线及质量控制

BRAN-LUBBE AA3 型流动分析仪测定水样的磷酸盐，CERN 水分分中心一般是设定 8 个浓度梯度，分别为 0、0.01 mg/L、0.1 mg/L、0.5 mg/L、1 mg/L、3 mg/L，一般的样品测定，该标准曲线的浓度范围基本覆盖了本中心所测样品含量。

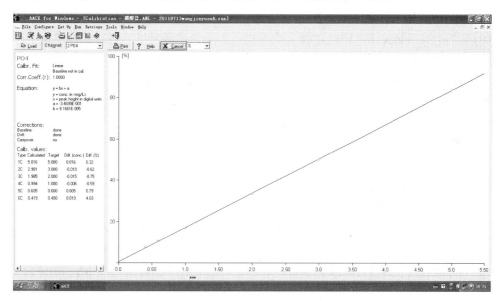

同样，测定每批次样品的磷酸盐，也必须重新配制标准曲线，上图为本中心用 BRAN-LUBBE AA3 型流动分析仪测定水中磷酸盐的标准曲线图，标准曲线 R^2 为 1.000。如果标准曲线 $R^2 < 0.9990$，则弃去重做，直到 $R^2 > 0.9990$。

案例 7-10　Elementar liquiTOC II 测定水中的总有机碳[*]

1　liquiTOC II 测定水中总有机碳的工作原理

该仪器工作原理主要是样品通过自动进样器，进入燃烧管内燃烧（800℃），通过高温催化氧化后，产生的 CO_2 气体通过卤素吸收管和干燥管除去杂质，得到纯净的 CO_2 气体，通过非散射性红外检测器定量测定 CO_2 含量，通过自动分析控制和评价软件包，进行数据采集与处理系统，测定水体、土壤和固体废弃物洗出液中总有机碳、总无机碳、总碳含量。

该仪器分析包括下列单元：液体高温催化燃烧单元，固体分析附件，TOC/TN 检测器，电子气路控制系统，并符合 DIN 38409、ISO 8245、EPA 415、EN 1484、5310A、GB 13193—91、CJ 26.29—91 等国际及国家标准。

测量范围：TOC：0.003 mg/L～100 000 mg/L（非稀释状态）检测下限：0.003 mg/L；正常操作压力：5.0～28 kg/cm²；测量时间，18 min/样品；重现性：TOC：≤5% @ 0.5 mg/L，≤2% @ 10 mg/L，≤1% @ 100 mg/L。

2　liquiTOC II 测定水中总有机碳试剂的配制

2.1　有机碳与无机碳标准贮备液

邻苯二甲酸氢钾（KHP）分子式：$C_8H_5O_4K$；分子量：204.18

ρ（有机碳，C）=500 mg/L，ρ（无机碳，C）=500 mg/L。准确称取仪器自带的邻苯二甲酸氢钾（预先在 110～120℃下干燥至恒重）0.265 7 g，准确称取无水碳酸钠（预先在 105℃下干燥至恒重）1.103 g，置于烧杯中，加超纯水溶解后，转移此溶液于 250 ml 容量瓶中，用超纯水稀释至标线，混匀。在 4℃条件下可保存两周。

2.2　盐酸配制

先将 100 ml 的超纯水注入容量瓶中，随后加入 23 ml 盐酸（分析纯，浓度约为 36%），最后用超纯水稀释至 1 000 ml。

3　liquiTOC II 测定水中总有机碳的操作步骤

3.1　开机顺序

（1）开启 PC + Printer

（2）开启自动进样器

（3）开启 liquiTOC 主机，等待仪器初始化结束

（4）进入 liquiTOC 软件

（5）开启载气：设定气体钢瓶的减压阀的第二级表的压力指示 0.1～0.12 MPa（1.0～1.2 bar）

此时，PC 机压力显示：0.95～1.0 bar　流速：200 ml/min（TOC mode）

（6）仪器检漏 Option/Diagnosis 使用仪器专用的轮式夹，观察流速显示为零

（7）仪器升温：催化剂加热炉：800℃

3.2　测定前的检查仪器准备状态程序

◆　Gas on？气体的开启？

◆　Pressure and flow rate display o.k.？压力和流速是否正常？

---

[*] 部金凤

Pressure 约 0.95 bar 压力

Flow rate MFC and FM 流速：200 ml/min（TOC 积分时，需一稳定的流速）

◆ Drying tube still enough capacity?　干燥管至少 1/3 未消耗

◆ Syringe and sample loop air-free?　注射器器和螺旋管无气泡？

◆ IR signal small and stable?　IR 信号小而稳定？

◆ Furnace to nominal temperature?　加热炉设定温度

催化剂炉温：800℃，反应炉：反应炉温：＜90℃

◆ Water and acid stock o.k.?　水和酸的储量正常吗？

◆ 单击标志"I"进入自动操作　[I]

3.3　初始化测试（空白测试）

（1）整个系统必须用去离子水（TOC＜0.5 mg/L）清洗直至无 TOC。

程序 1. options—maintenance—ventilation　把螺旋样品管路里的气泡赶走

程序 2. options—maintenance—flush　　　　把进样气路系统吹洗一下

（2）空白测试（操作模式：TIC-NPOC）

1）在 System/Mode，选择 TIC-NPOC

2）打开载气并冲洗 10 min

3）在 System/Feeding，选择自动进样器的重复进样次数

4）在 Text-View/Name，双击 Name 下的一栏，输入"样品名称"

5）在 Conc.range，双击 conc.range 下的一栏，选择并输入指定浓度（标准曲线浓度）

6）激活"I"是自动操作　[I]

7）激活"I/O"是单次分析　[I O]

8）超纯去离子水的空白测定：

a）100 ml C/L 浓度范围样品测试时，TIC 和 NPOC 的空白的峰面积要求应＜7.0 而且测定结果稳定。

b）5 ml C/L 浓度范围样品测试时：TIC 和 NPOC 的空白的峰面积要求应＜2.0 而且测定结果稳定。

9）样测定：例如：20 mg TIC/20 mg NPOC/L 或 50 mg TIC/50 mg NPOC/L，检查测量结果的稳定性。

3.4　常规分析（必须在空白测试之后）

步骤：

（1）System/Mode，选择 TIC-NPOC。

（2）System/Feeding，选择自动进样器的重复进样次数。

（3）Text-View/Name，双击 Name 下的一栏，输入"样品名称"。

（4）Conc.range，双击 conc.range 下的一栏，选择并输入指定浓度。

（5）样品测定：做两个 run in（20+20 ppm TIC/TOC），再做两个 blank，然后进标样，检查测定结果的稳定性。

（6）做完样品后，再测试去离子水 2 次，清洗管路。

（7）样品全部测试完毕，仪器自动进入睡眠状态，自动关闭载气和降温，待 TOC 主机降温至 100℃后，即可退出程序，关闭 PC 机和自动进样器。

7.2.2.6 实验材料

实验材料包括分析所用的试剂及消耗材料等。试剂的质量对检验结果的影响主要有两种情形，一种是试剂不纯（本身含有被测组分）而使结果偏高；另一种是试剂失效或灵敏度低而影响检测结果的准确性。

为确保分析结果，必须建立试剂验证、确认记录和合格供应商、合格和不合格试剂名录制度，为正确采购试剂提供依据。试剂、消耗材料等供应品的采购是整个分析工作中的重要组成部分，直接影响分析检测工作质量，因此必须对外部支持服务和供应品的质量进行严格控制，以确保检测质量不受影响。

实验室用水应严格按照《实验室用水规格》（GB 6682—86）中规定的三个等级净化水的要求，根据不同的用途和不同的分析项目选用不同等级的实验用水。试剂、标准溶液应按规定配制、标定，并在规定的时间内使用。

实验室纯水的质量要求如下：

（1）外观与等级

实验室纯水应为无色透明的液体，其中不得有肉眼可辨的颜色及纤絮杂质。通常将实验室纯水分三个等级。

①一级水。不含有溶解杂质或胶态质有机物，用于制备标准水样或超痕量物质的分析。可通过将二级水经过再蒸馏、离子交换混合床、0.25 μm 滤膜过滤等方法处理，或用石英蒸馏装置作进一步蒸馏进行制备。

②二级水。常含有微量的无机、有机或胶态杂质，用于精确分析和研究工作。可通过经蒸馏、电渗析或离子交换法制备的纯水进行再蒸馏的方法制备。

③三级水。适用于一般实验工作。可用蒸馏、电渗析或离子交换等方法制备。

（2）质量指标

应对实验室纯水中的无机离子、还原性物质、尘埃粒子的含量进行控制，使之满足水质分析的要求。实验室用水的具体质量指标详见表 7-2。

表 7-2　实验室纯水的质量指标

指标名称	一级水	二级水	三级水
pH 值范围（25℃）	—	—	5.7～7.5
电导率（25℃）/（μS/cm）	≤0.1	≤1.0	≤5.0
可氧化物的限度试验	—	符合	符合
吸光度（254 nm，1 cm 光程）	≤0.001	≤0.01	—
二氧化硅/（mg/L）	≤0.02	≤0.05	—

（3）影响实验室纯水质量的因素

影响实验室纯水质量的主要因素包括空气、容器以及制备过程中使用的管路。

制备好的实验室纯水经放置后，其电导率会迅速下降。如用钼酸铵法测定磷以及用纳氏试剂法测氨时，只要是新制取的蒸馏水或离子交换水均适用，但如果经过一段时间的放置，其空白值便显著增高，原因主要是来自空气和容器的污染。

玻璃容器盛装纯水可溶出某些金属及硅酸盐，有机物较少；聚乙烯容器所渗出的无机物较少，但有机物比玻璃容器略高。

在纯水制备时所用的纯水导出管，瓶内部分可用玻璃管，瓶外部分应使用聚乙烯管，管路最下端可接一段乳胶管，以便于配用弹簧夹。

纯水应在独立的实验室制备，制备实验室纯水的原料水应当是饮用水或比较干净的水，如有污染或空白达不到要求，必须进行纯化处理。同时，配备专用的纯水电导率测定仪，做好制备、检测及领用记录。

7.2.2.7　标准物质

标准物质是保证准确量值和量值溯源的计量标准，它广泛应用于校准测量仪器、评价测量方法、赋予材料特性量值。在质量管理、质量保证、技术仲裁等方面起着重要作用。

标准物质可作为特性量值已知的物质，用于研究和评价测量这些成分或特性的方法，从而判断该方法的准确度和重复性，并通过验证和改进测量方法的准确度，评价检测方法在特定场合的适应性，促进测试技术的发展。

实验室标准物质的质量控制措施如下：

（1）标准物质统一采购，采购时应考虑使用的要求，如量值范围、基体组成和标准值的不确定度等；

（2）建立标准物质总账，并实行领用登记制度。标准物质总账内容包括：名称、组成、供应商、批号、购入日期、有效日期、证书号、验收情况或结论、存放地点等信息；

（3）标准物质按证书或有关的储藏条件要求进行安全处置，指定专人保管，设专门存放区域。存放区要标识明显，并有防污染措施，以确保标准物质处于标准状态，维持其有效性；

（4）使用国家或有关部门正式批准的有证标准物质，以便能溯源到国家基准、国家测量基准或国家标准物质基准。对于使用未经正式批准的标准物质，必须经过分析、比对验证，证明符合要求方能使用；

（5）标准溶液的量值必须按规定的方法测试、核定、比对确定，能溯源到国家基准；无法溯源到国家基准的，要按标准测试的数据证明满足要求时方能使用，标准溶液的配制、定值、保管按有关规定执行；

（6）标准物质已超过其有效期限，或在有效期限内，但已出现异常情况，经测试分析已发生变化，由管理人员填写标准物质报废申请，经审批后，及时处理；

（7）属于剧毒化学品的标准物质及标准溶液按剧毒化学品的管理规定进行管理，对使用进行跟踪记录。

7.2.2.8　标准溶液

（1）准确称（量）取溶质

对于固体试剂，要按照规定，先进行充分干燥，并冷却至室温后立即称重以供配制，称量时，准确称量至 0.1 mg。对于液体试剂，应根据需要计算出所需体积后，直接量取。标准溶液配制应使用合格的 A 级容量瓶。

（2）正确选择溶剂

选择溶剂的总原则是溶剂纯度要与试剂纯度等级大致相同。必要时，应对溶剂质量进行检验，若其纯度不符合要求则应进行处理，以保证标准溶液的质量。

（3）控制配制数量

应根据标准溶液的稳定性、浓度以及需要量进行配制。浓度较高、稳定性较好的标准溶液一次可配制一个月左右的使用量，浓度较低、稳定性差的标准溶液则应分次少量配制。

（4）做好标定工作

应对标准溶液浓度进行定期标定，尤其是对浓度不稳定的标准溶液，最好每次使用前进行标定，确保准确无误。

7.2.3　分析过程中的质量控制措施

7.2.3.1　质量控制基础实验

分析人员在承担新的监测项目和分析方法时，应对该项目的分析方法进行适用性检验，包括空白值测定，分析方法检出限的估算，校准曲线的绘制及检验，方法的精密度、准确度及干扰因素等试验。以了解和掌握分析方法的原理、条件和特性。

测定空白值

空白值是指以实验用水代替样品，其他分析步骤及所加试液与样品测定完全相同的操作过程所测得的值。影响空白值的因素有：实验用水质量、试剂纯度、器皿洁净程度、计量仪器性能及环境条件、分析人员的操作水平和经验等。一个实验室在严格的操作条件下，对某个分析方法的空白值通常在很小的范围内波动。空白值的测定方法是：每批做平行双样测定，分别在一段时间内（隔天）重复测定一批，共测定 5～6 批。按下式计算空白平均值：

$$\bar{b} = \frac{\sum X_b}{mn}$$

式中，$\bar{b}$——空白平均值；

　　　X_b——空白测定值；

　　　m——批数；

　　　n——平行份数。

按下式计算空白平行测定（批内）标准偏差：

$$S_{wb} = \sqrt{\frac{\sum\limits_{i=1}^{m}\sum\limits_{j=1}^{n}(X_{ij}^{2} - \frac{1}{n}\sum\limits_{i=1}^{m}(\sum\limits_{j=1}^{n}X_{ij})^{2})}{m(n-1)}}$$

式中：S_{wb}——空白平行测定（批内）标准偏差；

　　　X_{ij}——各批所包含的各个测定值；

　　　i——批；

　　　j——同一批内各个测定值。

除 EC 值和 pH 外，所有离子成分分析项目在每次测定时均应带实验室空白，实验室空白的分析结果应小于各项目分析方法的检出限。每分析 10 个样品做一空白分析，结果合格后才能继续分析样品。如果实验室空白的分析结果达不到要求，则不能继续进行分析，而且这以前的 10 个样品也应重新进行分析。

每季度测定一次从采样到样品过滤等操作的全程序空白试验，所检测离子浓度结果应不大于该离子分析方法的检出限。

估算检出限

检出限为某特定分析方法在给定的置信度（通常为95%）内可从样品中检出待测物质的最小浓度。所谓"检出"是指定性检出，即判定样品中存有浓度高于空白的待测物质。检出限受仪器的灵敏度和稳定性、全程序空白试验值及其波动性的影响。对不同的测试方式检出限有几种估算方法：

（1）根据全程序空白值测试结果来估算

a．当空白测定次数 $n>20$ 时，

$$DL=4.6\sigma_{wb}$$

式中：DL——检出限；

σ_{wb}——空白平行测定（批内）标准偏差（$n>20$ 时）。

当空白测定次数 $n<20$ 时，

$$DL=2\sqrt{2t_f}\,S_{wb}$$

式中：t_f——显著性水平为0.05（单侧）、自由度为 f 的 t 值；

S_{wb}——空白平行测定（批内）标准偏差；

f——批内自由度，等于 $m(n-1)$。

b．对各种光学分析方法，可测量的最小分析信号 X_L 以下式确定：

$$X_L=\overline{X}_b+KS_b$$

式中：$\overline{X}_b$——空白多次测量平均值；

S_b——空白多次测量的标准偏差；

K——根据一定置信水平确定的系数，当置信水平约为90%时，$K=3$。

与 $X_L-\overline{X}_b$ 相应的浓度或量即为检出限 DL：

$$DL=(X_L-\overline{X}_b)/S=3S_b/S$$

式中：S——方法的灵敏度（即校准曲线的斜率）。

为了评估 $\overline{X}_b$ 和 S_b，空白测定的次数必须足够多，最好为20次。

当遇到某些仪器的分析方法空白值测定结果接近于0.000时，可配制接近零浓度的标准溶液来代替纯水进行空白值测定，以获得有实际意义的数据以便计算。

（2）不同分析方法的具体规定

A．某些分光光度法是以吸光度（扣除空白）为0.010相对应的浓度值为检出限。

B．色谱法：检测器恰能产生与噪声相区别的响应信号时所需进入色谱柱的物质最小量为检出限，一般为噪声的两倍。

C．离子选择电极法：当校准曲线的直线部分外延的延长线与通过空白电位且平行于浓度轴的直线相交时，其交点所对应的浓度值即为离子选择电极法的检出限。

实验室所测得的分析方法检出限不应大于该分析方法所规定的检出限，否则，应查明原因，消除空白值偏高的因素后，重新测定，直至测得的检出限小于或等于分析方法的规定值。

检验精密度

精密度是指使用特定的分析程序，在受控条件下重复分析测定均一样品所获得测定值之间的一致性程度。

（1）精密度检验方法

检验分析方法精密度时，通常以空白溶液（实验用水）、标准溶液（浓度可选在校准曲线上限浓度值的 0.1 倍和 0.9 倍）、地下水样、地下水加标样等几种分析样品，求得批内、批间标准偏差和总标准偏差。各类偏差值应等于或小于分析方法规定的值。

（2）精密度检验结果的评价

A．由空白平行试验批内标准偏差，估计分析方法的检出限。

B．比较各溶液的批内变异和批间变异，检验变异差异的显著性。

C．比较样品与标准溶液测定结果的标准差，判断样品中是否存在影响测定精度的干扰因素。

D．比较加标样品的回收率，判断样品中是否存在改变分析准确度的组分。

检验准确度

准确度是反映方法系统误差和随机误差的综合指标。检验准确度可采用：

（1）使用标准物质进行分析测定，比较测得值与保证值，其绝对误差或相对误差应符合方法规定要求。

（2）测定加标回收率（加标量一般为样品含量的 0.5～2 倍，且加标后的总浓度不应超过方法的测定上限浓度值），回收率应符合方法规定要求。

（3）对同一样品用不同原理的分析方法测试比对。

干扰试验

通过干扰试验，检验实际样品中可能存在的共存物是否对测定有干扰，了解共存物的最大允许浓度。干扰可能导致正或负的系统误差，干扰作用大小与待测物浓度和共存物浓度大小有关。应选择两个（或多个）待测物浓度值和不同浓度水平的共存物溶液进行干扰试验测定。

7.2.3.2 实验室分析质量控制程序

（1）对送入实验室的水样，应首先核对采样单、容器编号、包装情况、保存条件和有效期等，符合要求的样品方可开展分析。

（2）每批水样分析时，应同时测定现场空白和实验室空白样品，当空白值明显偏高或两者差异较大时，应仔细检查原因，以消除空白值偏高的因素。

（3）校准曲线控制。用校准曲线定量时，必须检查校准曲线的相关系数、斜率和截距是否正常，必要时进行校准曲线斜率、截距的统计检验和校准曲线的精密度检验。

校准曲线斜率比较稳定的监测项目，在实验条件没有改变、样品分析与校准曲线制作不同时进行的情况下，应在样品分析的同时测定校准曲线上 1～2 个点（0.3 倍和 0.8 倍测定上限），其测定结果与原校准曲线相应浓度点的相对偏差绝对值不得大于 5%～10%，否则需重新制作校准曲线。

原子吸收分光光度法、气相色谱法、离子色谱法、冷原子吸收（荧光）测汞法等仪器分析方法校准曲线的制作必须与样品测定同时进行。

（4）精密度控制。凡样品均匀能做平行双样的分析项目，每批水样分析时均须做 10%

的平行双样，样品数较小时，每批应至少做一份样品的平行双样。平行双样可采用密码或明码两种方式，平行双样允许偏差见表 7-3。若测定的平行双样允许偏差符合表 7-3 规定值，则最终结果以双样测试结果的平均值报出；若平行双样测试结果超出表 7-3 的规定允许偏差时，在样品允许保存期内，再加测一次，取相对偏差符合表 7-3 规定的两个测试结果的平均值报出。

表 7-3　平行双样测定值的精密度和准确度允许差

| 项目 | 样品含量范围/（mg/L） | 精密度/% | | 准确度/% | | | 适用的监测分析方法 |
		室内	室间	加标回收率	室内相对误差	室间相对误差	
pH	1~14	±0.04 pH 单位	±0.1 pH 单位				玻璃电极法
EC/（mS/m）	>1	0.3	1.0				电极法
SO_4^{2-}	1~10	±10	±15	85~115	±10	±15	铬酸钡光度法、硫酸钡比浊法、离子色谱法
	10~100	±5	±10	85~115	±5	±10	
NO_3^-	<0.5	±10	±15	85~115	±10	±15	离子色谱法、紫外分光光度法
	0.5~4.0	±5	±15	85~115	±5	±10	
Cl^-	<1.0	±10	±15	85~115	±10	±15	离子色谱法
	1~50	±10	±15	85~115	±10	±15	
NH_4^+	0.1~1.0	±10	±15	85~115	±10	±15	纳氏试剂光度法、次氯酸钠-水杨酸光度法、离子色谱法
	>1.0	±10	±15	85~115	±10	±15	
F^-	≤1.0	±10	±15	85~115	±10	±15	离子选择电极法、离子色谱法
	>1.0	±10	±15	85~115	±10	±15	
K^+、Na^+ Ca^{2+}、Mg^{2+}	1~10	±10	±15	85~115	±10	±15	原子吸收分光光度法、离子色谱法
	10~100	±5	±10	85~115	±5	±10	

（5）准确度控制

采用标准物质和样品同步测试的方法作为准确度控制手段，每批样品带一个已知浓度的标准物质或质控样品。如果实验室自行配制质控样，应与国家标准物质比对，并且不得使用与绘制校准曲线相同的标准溶液配制，必须另行配制。常规监测项目标准物质测试结果的允许误差见表 7-3。

当标准物质或质控样测试结果超出了表 7-3 规定的允许误差范围，表明分析过程存在系统误差，本批分析结果准确度失控，应找出失控原因并加以排除后才能再行分析并报出结果。

各监测项目加标回收率允许范围见表 7-3。

（6）原始记录和监测报告的审核

原始记录和监测报告执行三级审核制。第一级为采样或分析人员之间的相互校对，第二级为科室（或组）负责人的校核，第三级为技术负责人（或授权签字人）的审核签发。

第一级主要校对原始记录的完整性和规范性，仪器设备、分析方法的适用性和有效性，测试数据和计算结果的准确性，校对人员应在原始记录上签名。

第二级主要校核监测报告和原始记录的一致性，报告内容完整性、数据准确性和结论正确性。

第三级审核监测报告是否经过了校核，报告内容的完整性和符合性，监测结果的合理性和结论的正确性。

第二、第三级校核、审核后，均应在监测报告上签名。

7.2.3.3 质控考核

（1）每年应定期对各点进行质控考核，包括样品采集、样品分析和数据处理等方面。

（2）质控考核除采用定期考核外，还可与抽查考核相结合的方式进行。抽查的内容主要有：

a. 检查采样桶是否清洗干净、符合要求。

b. 检查水样保存是否符合要求，是否有专用的样品瓶，瓶子是否干净、符合要求。

c. 检查各类原始记录表。

7.2.4 水环境观测常规指标实验室分析的质量保证措施

7.2.4.1 总氮

水质中总氮的测定通常采用碱性过硫酸钾消解-紫外分光光度法，该法氮的最低检出浓度为 0.05 mg/L，测定上限为 4 mg/L。分析过程中应注意：

（1）使用的过硫酸钾、氢氧化钠等试剂应符合国家标准或行业标准，以减少试剂不纯对结果的影响。

（2）实验室用水。因为实验室环境中常存在氨，要求实验用水必须为无氨水，以酸化蒸馏法制备为最好（1L 水中加 0.1 ml 硫酸）。另外，无氨水的加入顺序对吸光度也有影响，在空白试验中，可以在消解后再加入无氨水，使氨水中的 N 不会被氧化为 NO_3^-，对结果产生的误差较小。无氨水的吸光值随存放的时间延长而增大，因此要现配现用。

（3）试剂的提纯、配制和保存。用来消解水样的过硫酸钾中含氮化合物可达 0.002%，有的可达到 0.01%，使试剂空白吸光度往往高出工作曲线上限 0.3 mg/L。因此必须对过硫酸钾进行提纯，可采用重结晶法提纯该试剂。将盛有去离子水的大烧杯中放入 40℃ 水浴中，加入过硫酸钾固体试剂配成饱和溶液，将该饱和溶液置于冰水浴中作重结晶，再用去离子水洗涤结晶多次，于红外灯下烘干，空白实验的吸光度值可从 1.542 降至 0.02，提纯好的过硫酸钾应避免与还原性物质混合存放，并在干燥器中避光保存。此外，分析纯氢氧化钠也含有少量的氮氧化物，一般达不到要求，要用优级纯的。过硫酸钾的溶解速度非常慢，若要加快溶解，最好采用水温低于 60℃ 的水浴加热法，否则过硫酸钾会分解失效。配制过硫酸钾溶液时，氢氧化钠和过硫酸钾应分开配制，待氢氧化钠溶液的温度降到室温后，再加入过硫酸钾溶液。碱性过硫酸钾在常温下可保存一个月。但大多数认为不能超过一周，最好现配现用。对于硝酸钾贮备液的贮存，要用棕色瓶，并加入 2 ml 三氯甲烷在 0~10℃ 暗处保存，可稳定保存 6 个月。

碱性过硫酸钾溶液保存时间不宜过长（不宜超过 3 d），最好能现配现用。

（4）实验室环境。总氮分析应在无氨、无尘、通风良好的环境中进行，应避免与氨氮、硝酸盐氮、亚硝酸盐氮等实验项目同处一室进行分析；挥发酚、总硬度在测定中均使用挥发性较大的浓氨水，也应避开。同时试剂、玻璃应避开氨的交叉污染，最好专用。尽量减少实验室内空气被氨污染的机会。

（5）比色管在有氨污染的环境下放置一段时间后空白吸光度会发生较大变化，从而对测定结果产生影响，因此比色管最好刷好后立刻使用。

（6）高压灭菌锅应及时换水或清洗，以避免消解时给试样带来的污染。玻璃器皿、高压灭菌锅等都应远离氨源的污染。

（7）对氨氮含量较高的水样，由于在消解时，碱性过硫酸钾介质中氨氮会以氨气形式逸散在比色管的气相中，造成测出的总氮只是硝态氮、亚硝态氮和少部分的氨态氮，必然出现氨氮高于总氮的结果。解决的办法是，当水样消解完成后马上放气，趁热将水样管多次摇匀，使气相中的氨气被热的过硫酸钾消解转变为硝态氮。

（8）标准曲线与质量控制。CERN 水分分中心分析水样总氮浓度，所采用的标准曲线浓度梯度为：0 mg/L、0.1 mg/L、0.3 mg/L、0.5 mg/L、0.7 mg/L、1.00 mg/L、3.00 mg/L、5.00 mg/L、7.00 mg/L、10.00 mg/L，与水质总氮的测定国家标准 GB 11894—89 所采用的标准曲线浓度梯度相同，CERN 水分分中心另增加 20 mg/L 的浓度梯度，以覆盖所有样品含量。可以根据所测样品浓度范围，来调整标准曲线的浓度梯度。

用岛津 UV-1700 紫外分光光度计测定三组水质总氮标准液，图 7-4 为 CERN 水分分中心某次分析配制的标准曲线。

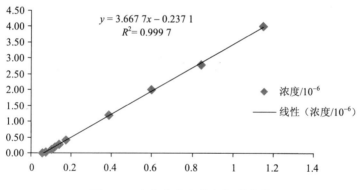

图 7-4 水分分中心总氮标准曲线

7.2.4.2 氨氮

水质氨氮的测定方法常用的有水杨酸分光光度法以及纳氏剂分光光度法。

水杨酸分光光度法的注意事项：

（1）试剂空白的吸光度应不超过 0.030（光程 10 mm 比色皿）。

（2）显色剂的配制。若水杨酸未能全部溶解，可再加入数毫升 2 mol/L 的氢氧化钠溶液直至完全溶解为止，然后用 1 mol/L 的硫酸调节溶液的 pH 值至 6.0～6.5。

（3）水样颜色过深、含盐量过多时，酒石酸钾盐对水样中的金属离子掩蔽能力不够，或水样中存在高浓度的钙、镁和氯化物时，需要预蒸馏。

（4）次氯酸钠溶液不稳定，在使用前应标定其有效氯浓度和游离碱浓度。

（5）样品的测定除紫外分光光度计外，也可用连续流动分析仪或者流动注射仪。

纳氏剂法的注意事项：

（1）调节 pH 值。对于因不能及时分析而加硫酸酸化的样品（pH<2），在测定前应先

将水样的 pH 值调整到 7 左右。

（2）铁、铜的影响及其消除。当水样中铁离子浓度大于 0.15 mg/L、铜离子浓度大于 0.10 mg/L 时，加入试剂后水样会变得浑浊，从而影响吸光度值。经验是：遇到这种情况，可加 1 ml 5%的 EDTA 消除干扰，就可得到满意的结果。

（3）水样与处理。水样带色或浑浊以及含其他一些干扰物质，就会影响氨氮的测定，为此在分析时需做适当的预处理。对较清洁的水，可采用絮凝沉淀法；对污染严重的水或工业废水，则用蒸馏法消除干扰。蒸馏时可加少许石蜡碎片防止产生泡沫；另外还应避免发生暴沸，否则将造成馏出液温度升高，氨吸收不完全。

（4）纳氏剂的影响。碘化汞与碘化钾的比例对显色反应的灵敏度有较大影响，因此必须把纳氏试剂静止后生成的沉淀除去。

（5）滤纸的影响。水样中悬浮物含量很高时，应先过滤除去，但滤纸中常含痕量铵盐，因此使用时要先用无氨水洗涤。

7.2.4.3　总磷

水质中总磷的测定采用钼酸铵分光光度法，样品的消解可采用碱性过硫酸钾消解。

注意事项：

（1）加硫酸酸化保存的样品，在用过硫酸钾消化前，必须先将水样调至中性，否则消化不完全导致结果偏低。

（2）消解后试样浑浊度较高，会使结果偏高，可用滤纸过滤于 50 ml 比色管中，用水洗涤消化管和滤纸，加水至标线，但对有色度水样去除不佳。

（3）当消解后水样浊度和色度较高时，需要同时配制一份和被测水样同一稀释度但不加显色剂的空白试样，加入相同体积的浊色度补偿液，以水为参比，分别测定吸光度，计算样品的浓度应扣除该空白的吸光度，然后查标准曲线。

（4）因为塑料易吸附水样悬浮物、有机磷和磷酸盐，使测定结果偏低，含磷量较低的水样，不宜在塑料瓶中保存。

（5）测定总磷的水样，不可做过滤处理，取样时要混合均匀，尤其是含有较多悬浮物和沉积物的水样。

（6）显色反应受显色剂浓度、温度影响较大，当环境温度变化较大或重新配制显色剂时，应重新绘制标准曲线。

7.2.4.4　pH 值

水质 pH 值的测定常用玻璃电极法。

水的颜色、浊度、胶体物质、氧化剂、还原剂及高含盐量均不干扰测定；但在 pH<1 的强酸性溶液中，会有所谓"酸误差"，可按酸度测定；在 pH>10 的碱性溶液中，因有大量钠离子存在，产生误差，使读数偏低，通常称为"钠差"。消除"钠差"的方法，除了使用特制的"低钠差"电极外，还可似选用与被测溶液的 pH 值相近似的标准缓冲溶液对仪器进行校正。

pH 计校正完毕后，应测定一已知溶液的 pH 值，要求测定值与真值相差不大于±0.02，否则应重新校正 pH 计；如果合格则可进行样品的测定。样品测定完毕后，再一次测定这一已知溶液的 pH 值，如果合格，则可认为此批样品的测定结果有效；否则，需重新进行pH 计的校正并对样品重新进行测定。如果样品个数比较多，则应在每测定 10 个样品后测定一已知溶液，合格则继续；如果不合格，则必须重新进行 pH 计的校正，并且此前 10 个样品的测定结果无效，需重新测定。

温度影响电极的电位和水的电离平衡。须注意调节仪器的补偿装置与溶液的温度一致，并使被测样品与校正仪器用的标准缓冲溶液温度误差在±1℃之内。

pH 值最好现场测定，否则，应在采样后把样品保持在 0～4℃，并在采样后 6h 之内进行测定。

7.2.4.5　矿化度

矿化度的测定方法常用的为质量法。质量法的注意事项如下：

（1）对于含有大量钙、镁、氯化物或硝酸盐的高矿化度水样，可加入 10 ml 20～40 g/L 的碳酸钠溶液，使钙、镁的氯化物及硫酸盐转变为碳酸盐，在水浴上蒸干后，在 150～180℃下烘干 2～3 h，称至恒重，所加入的碳酸钠量应从盐分总量中减去。

（2）用过氧化氢去除有机物时，应少量多次，每次使残渣湿润即可，以防有机物与过氧化氢作用分解时泡沫过多，造成盐分溅失。一般情况下应处理到残渣完全变白。有铁存在时，残渣呈黄色，若多次处理仍不变色，即可停止处理。

（3）澄清水样可不必过滤，若水样浑浊或由漂浮物时必须过滤，有腐蚀性漂浮物质存在时，应用砂芯玻璃坩埚抽滤。

7.2.4.6　化学需氧量

重铬酸盐法测定化学需氧量的注意事项如下：

（1）使用 0.4 g 硫酸汞络合氯离子的最高量可达 40 mg，如取用 20.00 ml 水样，即最高可络合 2 000 mg/L 氯离子浓度的水样。若氯离子的浓度较低，也可少加硫酸汞，使保持硫酸汞：氯离子=10：1（质量分数）。若出现少量氯化汞沉淀，并不影响测定。

（2）水样取用体积可在 10.00～50.00 ml 范围内，但试剂用量及浓度需按表 7-4 进行相应调整，也可得到满意的结果。

表 7-4　水样取用量和试剂用量表

水样体积	0.25 mol/L 重铬酸钾溶液/ml	H_2SO_4-Ag_2SO_4/ml	$HgSO_4$/g	$(NH_4)_2Fe(SO_4)_2$	滴定前总体积/ml
10	5	15	0.2	0.05	70
20	10	30	0.4	0.1	140
30	15	45	0.6	0.15	210
40	20	60	0.8	0.2	280
50	25	75	1.0	0.25	350

（3）对于化学需氧量小于 50 ml 的水样，应改用 0.025 0 mol/L 重铬酸钾标准溶液。回滴时用 0.01 mol/L 硫酸亚铁铵标准溶液。

（4）水样加热回流后，溶液中重铬酸钾剩余量以加入量的 1/5～4/5 为宜。

（5）用邻苯二甲酸氢钾标准溶液检查试剂的质量和操作技术时，由于每克邻苯二甲酸氢钾的理论 COD_{Cr} 为 1.176 g，所以溶解 0.425 1 g 邻苯二甲酸氢钾（$HOOCC_6H_4COOK$）于重蒸馏水中，转入 1 000 ml 容量瓶，用重蒸馏水稀释至标线，使之成为 500 mg/L 的 COD_{Cr} 标准溶液。用时新配。

（6）COD_{Cr} 的测定结果应保留三位有效数字。

（7）每次试验时，应对硫酸亚铁铵标准滴定溶液进行标定，室温较高时尤其注意其浓度的变化。

（8）当废水样氯离子含量超过 30 mg/L 时，应先把 0.4 g 硫酸汞加入回流锥形瓶中，再加样。此时空白也应加入 0.4 g 硫酸汞。

（9）在取样时，水样一定要摇匀，上清液与底部 COD_{Cr} 值有时会有几十倍的差距。

（10）需要稀释的水样，稀释时取样量最低不得少于 5 ml；COD_{Cr} 值过高的水样要逐级稀释以减少稀释所产生的误差。

7.2.4.7　溶解氧

测定水中溶解氧常用碘量法和电化学探头法。清洁水可直接采样碘量法，水样有色或含氧化性及还原性物质时干扰测定，电化学探头法简便、快速、干扰少。

电化学探头法的注意事项如下：

（1）水中存在的一些气体和蒸汽，例如氯、二氧化硫、硫化氢、胺、氨、二氧化碳、溴和碘等物质，通过膜扩散影响被测电流而干扰测定。水样中的其他物质如溶剂、油类、硫化物、碳酸盐和藻类等物质可能堵塞薄膜、引起薄膜损坏和电极腐蚀，影响被测电流而干扰测定。

（2）新仪器投入使用前、更换电极或电解液以后，应检查仪器的线性，一般每隔 2 个月运行一次线性检查。

检查方法：通过测定一系列不同浓度蒸馏水样品中溶解氧的浓度来检查仪器的线性。向 3～4 个 250 ml 完全充满蒸馏水的细口瓶中缓缓通入氮气泡，去除水中氧气，用探头时刻测量剩余的溶解氧含量，直到获得所需溶解氧的近似质量浓度，然后立刻停止通氮气，用 GB 7489 测定水中准确的溶解氧质量浓度。

若探头法测定的溶解氧浓度值与碘量法在显著性水平为 5% 时无显著性差异，则认为探头的响应呈线性。否则，应查找偏离线性的原因。

（3）任何时候都不得用手触摸膜的活性表面。电极和膜片的清洗：若膜片和电极上有污染物，会引起测量误差，一般 1～2 周清洗一次。清洗时要小心，将电极和膜片放入清水中涮洗，注意不要损坏膜片。

经常使用的电极建议存放在存有蒸馏水的容器中，以保持膜片的湿润。干燥的膜片在使用前应该用蒸馏水湿润活化。

（4）当电极的线性不合格时，就需要对电极进行再生。电极的再生约一年一次。

电极的再生包括更换溶解氧膜罩、电解液和清洗电极。

每隔一定时间或当膜被损坏和污染时，需要更换溶解氧膜罩并补充新的填充电解液。如果膜未被损坏和污染，建议 2 个月更换一次填充电解液。

更换电解质和膜之后，或当膜干燥时，都要使膜湿润，只有在读数稳定后，才能进行校准，仪器达到稳定所需要的时间取决于电解质中溶解氧消耗所需要的时间。

（5）当将探头浸入样品中时，应保证没有空气泡截留在膜上。样品接触探头的膜时，应保持一定的流速，以防止与膜接触的瞬时将该部位样品中的溶解氧耗尽而出现错误的读数。应保证样品的流速不致使读数发生波动，在这方面要参照仪器制造厂家的说明。

7.2.4.8　钾、钠

常用的方法为火焰原子吸收分光光度法。在应用该法时，应注意：

（1）钾和钠均为溶解度很大的常量元素，原子吸收分光光度法又是灵敏度很高的方法，为取得精密度好、准确度高的分析结果，对所用的玻璃器皿必须认真清洗。试剂及蒸馏水在同一批测定中必须使用同一规格同一瓶，而且应避免汗水、洗涤剂及尘埃等带来的污染。

（2）对于钾、钠浓度较高的样品，稀释倍数过大会降低精密度，同时也给操作带来麻烦，因一般地表水中钾和钠的浓度都比较高，可使用次灵敏线：钾 440.4 nm，钠 330.2 nm 测定，浓度范围可扩大到钾 200 mg/L，钠为 100 mg/L。

（3）样品及标准溶液不能保存在软质玻璃瓶中，因为这种玻璃瓶中的钾和钠容易被水样和溶剂溶出导致污染。

7.2.4.9　钙、镁

使用火焰原子吸收分光光度法测定钙、镁离子时，应注意：

（1）酸度对钙、镁测定的灵敏度有一定的影响，因此在配置标准溶液系列及样品溶液时，必须保持其酸度一致。

（2）当水样中的钙、镁含量较大时，必须将其稀释至合适的浓度，或在测定时将燃烧器转动一定角度，以降低其相应的灵敏度。

（3）当使用空气-乙炔火焰时，需要加入释放剂，常用的释放剂有镧和锶；也可以加入释放剂和保护剂联合使用，来消除化学干扰，常用的保护剂为 8-羟基喹啉、乙二胺四乙酸。由于反应机理复杂，故测量过程中要特别注意空气-乙炔的流量，因为即使是微小的变化，都会严重影响基态原子浓度，必须仔细地调节燃烧器上面的光束高度，它对干扰的消除和灵敏度都有影响。

使用 EDTA 法测定钙离子时应该注意：

当水样碱度大时，须加入盐酸，经煮沸后再进行滴定；否则因加入氢氧化钠溶液而生成碳酸钙沉淀，使结果偏低。

7.2.4.10　硫酸根离子

硫酸根的测定，以重量法最为准确，是经典方法，但手续繁琐，且不适合含量较低的水样。铬酸钡分光光度法适合于清洁水样，精密度、准确度均较好，EDTA 滴定法操作较简单，但要求技术熟练。离子色谱法快速灵敏，适于清洁水样，可同时测定其他多种阴离子。

<u>铬酸钡分光光度法</u>

（1）水样中碳酸根离子也可与钡离子形成沉淀，所以在加入铬酸钡之前，需将样品酸化后加热破坏，以消除碳酸盐的干扰。

（2）趁热加入铬酸钡并煮沸可使反应完全，并使硫酸钡颗粒大些便于过滤。

（3）制作铬酸钡悬浮液时应加盐酸酸化，使成微酸性以免碳酸钡沉淀形成。

<u>比浊法</u>

（1）碳酸根对此法有干扰，所以必须加盐酸酸化使成微酸性。

（2）若水样含有少许色度或微混，可用空白同样测定吸光度，从样品吸光度中减去。

（3）硫酸钡细微颗粒的形成与氯化钡加入速度及搅拌速度等有很大关系，必须严格控制标准系列及各样品的一致性。

7.2.5 水体常规监测指标的分析方法、适用范围

表7-5 水质监测指标的分析方法和适用范围

分析项目	方法名称	引用标准/文献	适用范围
pH 值	玻璃电极法	GB 6920—86	饮用水、地面水、工业废水
矿化度	质量法	《水环境要素观测与分析》	天然水
硫酸根离子	质量法	GB 11899—89	地下水、地面水、含盐水、生活污水及工业污水。10～5 000 mg/L
硫酸根离子	铬酸钡分光光度法	HJ/T 342—2007	地表水、地下水中含量较低硫酸盐的测定（8～200 mg/L）
硫酸根离子	比浊法	鲁如坤《土壤农业化学分析方法》p140	
硫酸根离子	离子色谱法	《水环境要素观测与分析》p55	
钙离子	原子吸收分光光度法	GB/T 11905—89	
钙离子	EDTA 滴定法	GB/T 7476—87	地下水及地面水，不适合海水及含盐量高的水（2～100 mg/L）
镁离子	原子吸收分光光度法 EDTA 滴定法	GB/T 11905—89 GB/T 7476—87	
钾离子	火焰原子吸收分光光度法	GB/T 11904—89	适用于地面水合饮用水 浓度范围：0.05～4.00 mg/L
钠离子	火焰原子吸收分光光度法	GB/T 11904—89	0.01～2.00 mg/L
碳酸根离子	酸碱滴定法	GB/T 8538—95	
重碳酸根离子	酸碱滴定法	GB/T 8538—95	
氯化物	硝酸汞滴定法	HJ/T 343—2007	地表水、地下水及经处理后的废水，2.5～500 mg/L
氯化物	离子色谱法	《水环境要素观测与分析》p53	
磷酸根离子	磷钼蓝分光光度法	GB/T 8538—95	
硝酸根离子	酚二磺酸分光光度法	GB/T 7480—87	饮用水、地下水和清洁地表水，0.02～2.0 mg/L
硝酸根离子	紫外分光光度法	HJ/T 346—2007	地表水、地下水，测定范围：0.32～4 mg/L
矿化度		《水环境要素观测与分析》p60	
化学需氧量	重铬酸盐法	GB—11914—89	适合 COD 值大于 30 mg/L 的水样，未稀释水样的测定上限为700 mg/L
化学需氧量	快速消解分光光度法	HJ/T 399—2007	未稀释的水样，15～1 000 mg/L
水中溶解氧	碘量法	GB/T 7489—87	0.2～20 mg/L
水中溶解氧	电化学探头法	HJ 506—2009	水中饱和率为 0%～100%的溶解氧，还可测高于 100%的过饱和溶解氧
总氮	碱性过硫酸钾消解-紫外分光光度法	GB/T 11894—89	地下水、地表水，0.05～4 mg/L

分析项目	方法名称	引用标准/文献	适用范围
总磷	钼酸铵分光光度法	GB/T 11893—89	地表水、污水和工业废水。取 25 ml 水样的适用范围为 0.01～0.6 mg/L
氨氮	纳氏试剂分光光度法	HJ 535—2009	水样体积为 50 ml，使用 20 mm 比色皿时，方法测定下限 0.10 mg/L，上限 2.0 mg/L
氨氮	水杨酸分光光度法	HJ 536—2009	
总有机碳	燃烧氧化-非色散红外吸收法	HJ 501—2009	地下水、地表水、生活污水和工业废水。检出限为 0.1 mg/L，测定下限为 0.5 mg/L

7.3　实验室外部的质量控制

实验室外部质量控制是在实验室内部质量控制的基础上进行的，是由上一级实验室对下级实验室提供质控样品或盲样，检测结果由分发质控样品或盲样的实验室进行统计评价，以考核实验室的检测质量。

通过外部的质量控制，可以发现实验室是否有效地进行了实验室内部质量控制，也可以发现配制标准溶液时产生的误差，或应用低质量蒸馏水、其他溶剂、试剂等产生的误差。

为了评定检验结果是否良好，在发放参比标准样品时可以采用控制图。

实验室外部质量控制的控制限一般均大于实验室内部质量控制图。这是因为不同实验室之间的变异，由于使用不同的仪器和玻璃器皿等的原因，总是大于一个实验室内部的变异的。

在开展实验室外部质量控制时，应注意：

（1）统一分析方法；

（2）统一数据处理方法和计算方法；

（3）加强监测人员的技术培训和交流；

（4）所有采样与分析原始记录要求单列，不与其他监测原始记录相混，所有质控数据均要记录在原始记录本上以便于检查；

（5）主动、积极、有计划地参加由外部有工作经验和技术水平的第三方或技术组织的实验室间比对和能力验证活动，以不断提高各实验室监测技术水平。

案例 7-11　2007 年水分分中心盲样分析准确度考核

水分分中心连续 3 年采用有证参考物质，利用盲样考核的方式，针对水质监测中反映水体盐碱化、酸化、富营养化的 5 个关键指标，即氯离子（Cl^-）、硝酸根离子（NO_3^-）、硫酸根离子（SO_4^{2-}）、总氮（TN）、总磷（TP），对台站实验室分析能力进行比对，定量评价各台站监测数据的准确度和精密度。

对于测定浓度，采用相对误差（百分比差）评价作为检验各台站实验室分析能力和相应分析指标准确度的依据。

$$相对误差\% = （测量值 - 标准值）/标准值 \times 100\%$$

各考核项目准确度情况见图 7-5。

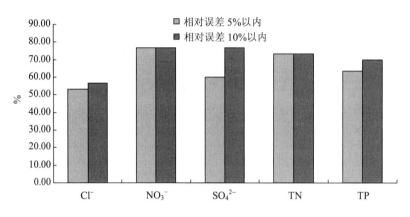

图 7-5 考核盲样分析结果不同准确度所占百分比例

从图 7-5 可以看出，如果将误差范围在 5% 以内确定为优秀，则五个指标优秀率在 53%~73%，其中氯离子优秀率最低，这可能与该指标多采用传统硝酸银滴定方法无法达到要求精度有关。在本次评分中，将相对误差允许范围 10% 定为合格，分为 5 个等级的测定精度系数，即 5 个指标都在相对误差允许范围的精度系数为 1，5 个指标都超出误差范围的精度系数为 0.75，该精度系数作为数据质量准确度的评分标准，其中 2007 年有 8 个台站 5 个考核指标全部正确，有 9 个台站有 2 个以上考核指标不正确，其中有 3 个台站有 4 个以上指标不正确。

案例 7-12　各台站实验室间分析能力比对

水分分中心采取购买国家标准物质作为盲样，对台站实验室分析能力进行了比对。按照《利用实验室间比对的能力验证　第 1 部分：能力验证计划的建立和运作》（GB/T 15483.1—1999）要求，对各实验室测定结果的 Z 比分数进行统计。

$$Z = \frac{x - X}{s}$$

式中，x 为参加者测定结果；X 为指定值；s 为满足计划要求的变动性合适估计值。本次统计中，x 值为台站测定结果的平均值，X 为标准物质的标准值，s 为标准样品的不确定度，$Z \leqslant 2$ 合格，$3 > Z > 2$，数据有问题，$Z \geqslant 3$ 不合格。

各测定项目 Z 统计的结果见图 7-6。

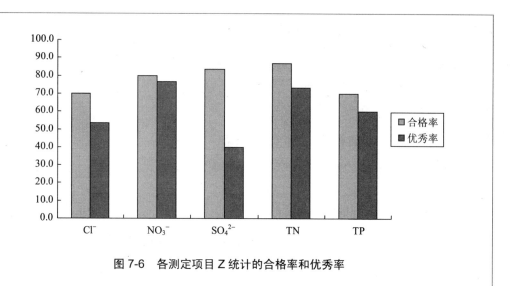

图 7-6　各测定项目 Z 统计的合格率和优秀率

31 个实验室分析能力比对结果表明，各项指标分析的合格率为 70%～87%，优秀率为 40%～77%。其中总氮分析合格率最高，为 87%，氯离子和总磷合格率最低，为 70%；硝酸根优秀率最高，为 77%，硫酸根优秀率最低，为 40%。

7.4　数据处理与报告的生成

7.4.1　监测点位的情况描述

各监测点位的情况描述应为年报的内容之一，如果有所变动，应于变动的次月上报上级主管监测网络中心，具体应包括以下内容：

（1）现场情况：应该记录采样器周围半径 100 m 范围内的情况。如采样器、雨量计放置情况，树木、空中的电线、附近建筑物、道路情况、地上植被、坡度、耕地状况等。同时绘出采样器和采样器周围情况草图。

（2）本地情况：记录农产品、燃料种类、交通工具、道路状况、停车场及修理厂、饲料堆等有可能对采样带来影响的情况。同时记录半径 100 m～10 km 内的动物饲养情况、局部污染情况，城市地区应反映出受污染状况。

（3）地区情况：给出 50 km 范围内固定源和流动源的种类及排放强度。人口多于 1 万的城市，应给出人口量。

7.4.2　采样器的描述

采样器的描述为年报内容之一，如果采样器有所变动，应于变动的次月上报上级主管监测网络中心，内容包括：湿沉降采样器的生产厂家、型号、接雨器直径和材料、盖子衬里、管子等的材料描述；同时给出采样器的一些技术指标如盖子的开关时间、灵敏度等。

7.4.3　样品的保存及运输描述

样品的保存及运输描述为年报内容之一，如果情况有所变动，应于变动的次月上报上级主管监测网络中心，内容包括：保存样品的方法（如冰箱保存等），装样品的瓶子等；样品的包装过程和运输频次等。

7.4.4　采样点位、采样人员等有关信息

每年应将采样点位、采样仪器、分析仪器等有关信息以表的形式上报上级主管监测网络中心。

案例 7-13　湿沉降采样点情况表

表 7-6　湿沉降采样点情况表

监测站名称			
采样点名称		采样点地址	
采样点类型		经度	
纬度		海拔高度/m	
采样器型号		接雨器直径/m	
采样点距离地面高度/m			
接雨口距支撑点高度/m			

7.4.5　分析项目、分析人员等有关信息

每年应将样品的分析项目及对应方法、仪器名称及型号、检出限、分析人员情况等以表格的形式上报上级主管监测网络中心。表 7-7 给出了湿沉降的相关报表，以供参考。

表 7-7　＃＃监测站（中心）湿沉降样品分析条件表　单位：mS/m；mg/L（pH 量纲为 1）

项目	分析（测定）方法	仪器名称及型号	仪器检出限	分析人员	备注
EC					
pH					
F^-					
Cl^-					
NO_3^-					
SO_4^{2-}					
Na^+					
K^+					
Mg^{2+}					
Ca^{2+}					
NH_4^+					

表 7-8 ＃＃监测站（中心）分析（测定）人员情况表

姓名	年龄	职称	工作年限	参加本工作年限	备注

7.4.6 QA/QC 数据表

每年应将样品分析的 QA/QC 数据以 Excel 表的形式上报到上级主管监测网络中心。

7.4.7 监测结果报表

次月 10 日前，应将当月的监测结果以 Excel 表的形式上报到上级主管监测网络中心。

7.4.8 监测报告的制度要求

（1）审核要求

上报的材料及数据均需通过逐级审核，并有操作（分析）人员签字、审核人员签字、项目负责人签字。

（2）时间要求

年报表应于次年 1 月底以前以数据传输的方式上报到上级主管监测网络中心。

（3）其他注意事项

如有监测点位的变动、采样仪器的变动、分析方法的变动、分析仪器的变动、分析人员的变动等，应于变动的次月上报到上级主管监测网络中心。

8　水质野外自动监测质量保证与质量控制措施

8.1　水质自动监测

水质自动监测是指采用水质自动监测系统对水环境质量进行连续、自动地样品采集、处理、分析及数据远程传输的整个过程。水质自动监测系统以在线自动分析仪器为核心，由现代传感器、自动测量装置、自动控制器、计算机及相关专用分析软件和通信网络所组成。该系统集采样、预处理过滤、仪器分析、数据采集和储存等功能于一体，实现了水质的在线自动监测。系统结构如图 8-1 所示。

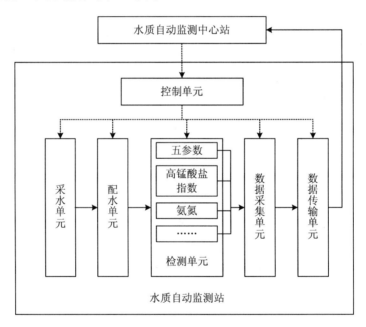

图 8-1　水质自动监测系统结构示意图

注：五参数是指水温、pH、溶解氧、电导率和浊度。

其中，水质自动监测站简称水质自动站，是由采水单元、配水单元、控制单元、检测单元、数据采集和传输单元及站房单元组成，水质自动监测中心站负责水质自动监测站的远程监控、数据采集和传输、数据统计与应用。

8.2　监测站点、监测项目及监测频次

8.2.1　监测站点

8.2.1.1　选址条件

水质自动站位置的选择应满足以下条件：

（1）站址的便利性　具备土地、交通、通信、电力、自来水及良好的地质等基础条件；

（2）水质的代表性　根据监测的目的和断面的功能，具有较好的水质代表性；

（3）监测的长期性　不受城市、农村、水利等建设的影响，具有比较稳定的水深和河流宽度，保证系统长期运行；

（4）系统的安全性　自动站周围环境条件安全、可靠；

（5）运行的经济性　便于监测站日常运行和管理；

（6）管理的规范性　承担运行管理的托管站具有较强的监测技术与管理水平，有一定的经济能力，有专人负责水质自动站的运行、维护和管理。

8.2.1.2　选址基本要求

选址应满足以下基本要求：

（1）自动站离托管站的交通距离不超过 100 km，交通方便；

（2）有可靠的电力保证且电压稳定；

（3）具有自来水或可建自备井水源，水质符合生活用水要求；

（4）有直通（不通过分机）电话，且通信线路质量符合数据传输要求；

（5）取水点距站房不超过 100 m，枯水期亦不超过 150 m，便于铺设管线及其保温设施；

（6）枯水期水面与站房的高差不超过采水泵的最大扬程；

（7）断面常年有水，丰、枯季节河道摆幅应小于 30 m。

8.2.1.3　水质代表性

（1）一般要求

根据断面的功能确定其水质代表性，监测的结果能代表监测水体的水质状况和变化趋势。监测断面一般选择在水质分布均匀、流速稳定的平直河段，距上游入河口或排污口的距离不少于 1 km，尽可能选择在原有的常规监测断面上，以保证监测数据的连续性。

（2）功能断面要求

根据环境管理需要，水质自动站点按其功能不同应设置在背景断面、交界断面、出入河（湖）口、入海口和控制断面等位置。各功能断面设置时应遵循不同的要求，以保证监测断面的水质具有代表性。

①背景断面。在河流干流或重要支流的上游选择背景断面，应设置在最上游市、镇的上游，距市镇不超过 50 km。该断面上游基本不受到人类活动的影响，能真实反映河流的自然水质状况。

②趋势断面。为评价河流（或河段）、湖泊、水库的整体水质现状和变化趋势而设置趋势断面，选择在评价河段、湖库的平均水平位置，避开典型污染水区、回流区、死水区；该断面上游 1000 m 和下游 200 m 范围内没有排放口；若在城市附近，还应在城市上游设

置对照断面或在下游设置削减断面。

③控制断面。控制断面是监视污染源对水体影响的特殊断面，不作为评价整体水质的断面，故断面应设置在污水排放的影响区内，一般断面设置在排放口下游 100 m 左右，城市段设在原控制断面。

④交界断面。交界断面应选择在交界线下游第一个市、县、镇的上游；自监测断面至交界线之间不应有排污口，能客观地反映上游地区流入下游地区的水质状况。若交界线下游不具备建站条件时，亦可选择在上游靠近交界线的断面，且在监测断面至交界线之间没有排污口。

⑤国界断面。出、入境的国界断面水质代表性要求与交界断面一致，但只设置在国境以内；出、入境断面与国境线间基本没有排污口。

⑥入河（湖、海）口断面。入河（湖、海）口断面的位置应尽可能设置在靠近河流入上一级河流、湖泊、海洋，且基本不受潮汐或回流影响的地方；断面应在靠近入河（湖、海）口的市镇的下游，不应设置在市镇的上游；入海口断面若受海洋潮汐影响时，需要保证水中的氯离子的浓度符合仪器的要求，否则不具备建站条件。

（3）采水口选址条件

为了尽可能减少采水点位局限性对水质自动监测结果的影响，保证采水设施的安全和维护的方便，采水口位置应满足以下条件：

①采水点水质与该断面平均水质的误差不得大于 10%，在不影响航道运行的前提下采水点尽量靠近主航道；

②取水口位置一般应设在河流凸岸（冲刷岸），不能设在河流（湖库）的漫滩处，避开湍流和容易造成淤积的部位，丰、枯水期离河岸的距离不得小于 10 m；

③河流取水口不能设在死水区、缓流区、回流区，保证水力交换良好；

④取水点与站房的距离一般不应超出 100 m；

⑤取水点设在水下 0.5～1 m 范围内，但应防止地质淤泥对采水水质的影响；

⑥枯水季节采水点水深不小于 1 m；采水点最大流速应低于 3 m/s，有利于采水设施的建设和运行。

8.2.2　监测项目

根据环境管理需要、仪器设备适用性、当地特征污染因子和监测结果可比性选择水质自动监测项目。

（1）根据监测目的、水质特点确定监测项目，实时监视的主要污染物为重点监测项目。

地表水质监测通常选择水质常规参数（水温、pH、溶解氧、电导率及浊度）、有机物综合指标（高锰酸盐指数、总有机碳或其他原理方法）及氨氮，入海、入湖库河流及湖水质监测增加总氮、总磷和叶绿素 a。根据当地的污染特征还可选择硝酸盐氮、亚硝酸盐氮、挥发酚、氟化物、生物毒性、挥发性有机污染物以及重金属等项目。

（2）根据仪器的适用性能选定。成熟可靠的监测仪器是选择监测项目的基本条件，仪器不成熟或其性能指标不能满足当地水质条件的项目不应作为自动监测项目。

（3）根据监测目的和水质评价的需要选择辅助项目，如水位、流量和流向等。

（4）有机物综合指标的选择可根据水质情况决定，水质较好可选用高锰酸盐指数仪器，当水体中高锰酸盐指数大于 50 mg/L 时，可选用总有机碳分析仪；根据仪器的适用情况，也可以选择总有机碳、紫外吸收法等仪器，采用比对换算方法计算成高锰酸盐指数或化学需氧量。由于采用仪器原理和条件的不同，其监测的高锰酸盐指数的结果有一定的差异，各种仪器必须根据对比实验来校准。

8.2.3　监测频次

监测频次可根据监测仪器对每个样品的分析周期来确定，最低监测频次须满足环境管理和水质分析的需要。在污染事故阶段或水质有明显变化期间可设置较高的监测频率；在以上条件允许时，还需充分考虑水质自动站运行的经济性，尽量降低运行费用。根据水质自动监测系统实际运行情况，监测频次通常设置为每 4 小时监测一次（即每天 6 组监测数据），当发现水质状况明显变化或发生污染事故期间，应将监测频率调整为每小时一次。能连续监测的项目（如水温、pH、电导率、浊度、溶解氧等）可实时采集数据。

为确保水质自动监测系统建设能满足站点选址的原则和条件，使系统能长期、稳定、准确地运行，首先在监测站点位的选择上执行以下程序。

（1）根据管理的需要提出水质自动监测站点所监测断面的性质，监测的目的和对监测数据的基本需求。

（2）根据确定的监测目的和断面的功能，初步拟订建设自动站的点位方案，每个自动站应提出 2～3 个备选方案，拟建点位原则上是从原有监测点位中优选。

（3）评价预选点位的历史监测数据，分析原监测断面的水质是否符合监测目的和监测断面的水质代表性。

（4）应按照自动监测站位的选择要求，结合表 8-1 和表 8-2 中所列的项目在其断面周边进行站房建设地理、地质条件的实地勘察，初步判断是否符合包括站房建设、三通一平以及取水工程等方面的建站条件，同时进行相应的水文、水质和当地气候情况进行调查和分析，如实填写表 8-1（拟建站点位基本情况）和表 8-2（考察情况表）。提出站位的备选方案报上级环境监测部门。在此基础上，应组织专家进行现场考察认定，并将考察结果报主管部门审批。

表 8-1　拟建站点位基本情况

点位名称：　　　　　　　　　　托管站名称：

项　目		说　明	
点位位置	点位位置	省　市　区（县）乡　村	
		东经：	北纬：
	点位说明（照片另附页）		
水文情况	河流流量、流速	平均流量：	流速：
		最小流量：	流速：
		最大流量：	流速：
	水位	平均水位：	
		最高水位：	
		最低水位：	
		50 年一遇水位：	

项　目		说　明		
气候	气温	年平均温度：　　　年最低温度：		
	冻土层	冻土层最大深度：		
水质	pH	平均：　　范围：　　时间		
	溶解氧	平均：　　范围：　　时间		
	氨氮	平均：　　范围：　　时间		
	总氮	平均：　　范围：　　时间		
	电导率	平均：　　范围：　　时间		
	……	平均：　　范围：　　时间		

表 8-2　考察情况表

项　目	说　明	
基础条件	交通情况	距托管站：　　km；车程：　　小时 路况：
	通信条件	数据通信测试结果（无线/有线）： 其他：
	上水情况	
	土建基础	
取水口情况	代表性情况	
	取水处水深	平均水深：　　最低水深：　　最高水深：
	距离	水平距离：　　垂直距离：
	坡度	
采水方案	采水方式（示意图另附页）	
	初步预算	材料： 施工： 其他： 合计：
	人员素质	研究生：　　大学本科： 初级：　　中级：　　高级：
	仪器设备情况	
	实验室条件	
	车辆	

8.3　水质自动监测系统

8.3.1　站房

　　站房是用于承载系统仪器、设备的主体建筑物和外部保障条件。主体建筑物由仪器间、质控间和生活用房组成。外部保障条件是指引入清洁水、通电、通信和开通道路，平整、绿化和固化站房所辖范围的土地。主体建筑中仪器间使用面积的确定，以满足仪器设备的安装及保证操作人员方便操作和维修仪器设备为原则，一般不小于 40 m²。质控间和生活用房的使用面积以操作和管理人员实际所需确定。

8.3.1.1　结构技术要求

（1）站房使用砖混结构或框架结构，耐久年限为 50 年。

（2）站房地面标高能够抵御 50 年一遇的洪水。

（3）根据当地抗震设防烈度对站房进行抗震设计。

（4）室内净空高度以方便仪器设备的安装和维护维修为准，一般不低于 2.7 m。

（5）站房必须采取适当的保温措施，不能因停电引起室内温度变化而使室内系统出现损坏。

（6）为保障分析单元的正常运行，仪器间的室内温度一般应当保持在 18～28℃，相对湿度保持在 60% 以内。

（7）仪器间室内地面铺设防水、防滑地面砖，并在所需位置设置地漏。

（8）质控间设有实验工作台，备有上下水、洗手池等。

8.3.1.2　供电要求

（1）水质自动监测站的供电电源使用 380 V 交流电、三相四线制、频率 50 Hz，电源容量要按照站房全部用电设备实际用量的 1.5 倍计算。

（2）在仪器间内为水质自动监测系统配置专用动力配电箱。

8.3.2　采水单元

8.3.2.1　基本要求

采水单元的功能是在任何情况下确保将采样点的水样引至站房仪器间内，并满足配水单元和分析仪器的需要。采水单元一般包括采水构筑物、采水泵、采水管道、清洗配套装置和保温配套装置。

8.3.2.2　技术要求

（1）采样单元应采用双回路采水，一用一备。在控制系统中设置自动诊断泵故障及自动切换泵工作功能。

（2）采水单元设计采用连续或间歇可调节工作方式；除非特殊需要，一般采用间歇工作方式。

（3）采水单元不能明显影响样品监测项目的测试结果。排水点须设在样品水的采水点下游 10 m 以上的位置。

（4）采水单元应当具备较长平均无故障工作时间，确保水质自动监测系统的数据捕获率达到相关要求。

（5）采水单元需要设计并制作必要的保温、防冻、防压、防淤、防撞、防盗措施，并对采水设备和设施进行必要的固定。

（6）采水单元设置采水单元清洗和防藻功能。但是当使用化学清洗时防止对环境造成污染。

（7）采水单元能够在停电时自我保护，再次通电时自动恢复。

8.3.2.3　设备及材料要求

（1）在采水泵的选型上应确保扬程、流量满足配水单元的要求。

（2）选用平均无故障工作时间较长，泵体材质坚固耐用，可以适用在多种水体中的采水泵。

（3）采水管路的材质具有极好的化学稳定性，以避免污染所采样品。

（4）采水管路具有足够的强度，可以承受内压和外载荷，且使用年限长，性能可靠，施工方便。

8.3.2.4 其他要求

（1）保温。减少环境温度对水样的影响。一般应根据保温层材料、保护层材料以及不同的条件和要求，选择不同的保温结构。通常选择有一定的机械强度，结构简单，施工方便，易于维修，外表面整洁美观，材料、厚度、外保护层相对经济的保温结构。用于水质自动站应特别考虑保温材料的防水问题。

（2）防冻。冰冻地区，采水管道应埋设在土壤的冰冻深度以下；对于特殊情况敷设在地面上的采水管道，其防冻应采取加热措施。

（3）防压。对于埋地的采水管道，硬管可直埋，但软管则应加装硬质保护套管；直埋采水管道或套管的管顶埋深，或复土深度，在有地面车辆载荷时应大于 0.7 m，一般情况也应不小于 0.3 m。

（4）防淤、防藻。确保采水管道敷设平滑并具有一定坡向，尽可能减少弯头数量，避免管道内部存水。在计算采水水量和采水管道管径时应考虑水样在管道内部的流速，防止对管壁形成冲刷作用，可以达到防淤、防藻的效果。在系统设计时，还应考虑设置反冲洗装置，并采用一定的化学清洗功能，以防止淤泥以及藻类的形成和生长，必要时宜增加一些机械辅助清洗功能。但应注意防止化学清洗对环境造成二次污染。

8.3.3 配水单元

8.3.3.1 基本要求

配水单元将采水单元采集到的样品根据所有分析仪器和设备的用水水质、水压和水量的要求分配到各个分析单元和相应设备，并采取必要的清洗、保障措施以确保系统长周期运转。配水单元一般分为流量和压力调节、预处理及系统清洗三个部分。

8.3.3.2 技术要求

（1）常规五参数（包括样品的 pH、水温、溶解氧、浑浊度和电导率 5 个监测项目）的分析使用未经过预处理的样品。

（2）流量和压力调节。配水单元应当能够通过对流量和压力的调配，满足所选用仪器和设备对样品水流量和压力的具体要求。

（3）预处理。

①配水单元应尽可能满足标准分析方法中对样品的预处理要求。

②配水单元可以根据不同仪器采取恰当的过滤措施。在不违背标准分析方法的情况下，可以通过过滤达到预沉淀的效果，也可以通过预沉淀替代过滤操作。

8.3.3.3 系统清洗及辅助功能

（1）配水单元应当设置清洗和杀菌除藻功能。该功能应当能够遍及全部系统管路和相关设备，但不能损害仪器和设备，也不能对分析结果构成影响。

（2）配水单元不能对环境造成污染。对分析单元排放的废液应当回收处理。

（3）配水单元能够在停电时自我保护，再次通电时自动恢复。

8.3.4　检测单元

8.3.4.1　基本要求

检测系统是水质自动监测站的核心部分，由满足各检测项目要求的自动检测仪器及辅助设备组成。辅助设备包括：过滤器、自动进样装置、自动清洗装置、冷却水循环装置、清洁水制备装置等。根据仪器运行的要求，选配或加装所需的辅助设备。仪器类型的选择原则为仪器测定范围满足水质分析要求，测定结果与标准方法一致；仪器结构合理，性能稳定；运行成本合理，维护量少，维护成本低；二次污染少。

8.3.4.2　技术要求

（1）原理要求。检测方法符合 GB 3838 中所列的方法或其他等效分析方法。

（2）基本功能。

显示方式：LCD 数字显示或其他现场显示方式；

输出：4～20 mA；

电源开/关控制功能；

基本参数储存功能；

自动清洗与标定功能；

状态值查询功能；

故障报警及故障诊断功能；

仪器具有断电保护和自动恢复功能（上电后仪器的运行参数设置不变）；

可自动连续或间歇式（时间间隔可调）检测；

抗电磁干扰（EMC）能力；

密封防护箱体及防潮功能。

8.3.4.3　性能指标

pH、电导率、浊度、溶解氧、高锰酸盐指数、氨氮、总氮、总磷、总有机碳水质自动分析仪的性能指标分别参照 HJ/T 96、HJ/T 97、HJ/T 98、HJ/T 99、HJ/T 100、HJ/T 101、HJ/T 102、HJ/T 103 和 HJ/T 104。其他尚没有标准规定的水质自动监测仪器性能指标，参照相关国家环境保护标准中的实验室分析方法执行，以保证监测数据的真实有效。

8.3.5　数据采集和控制单元

水质自动监测子站的数据采集和控制单元具有系统控制、数据采集与存储以及远程通信功能。

8.3.5.1　基本要求

（1）对采水、配水、管路清洗等单元以及仪器的校准和同步启动等工作模式进行自动控制，并对故障或异常事件进行处理。

（2）对仪器的分析结果进行采集、处理和存储。

（3）与仪器间通信推荐采用基于 RS 485 的现场总线方式，并采用开放的通信协议。

（4）数据采集与传输应完整、准确、可靠，采集值与仪器测量值误差不大于仪器量程的 1%。

8.3.5.2　系统控制

（1）可现场或远程对系统设置连续或间歇的运行模式。

（2）控制系统应能对仪器进行一些基本功能的控制，如待机控制、工作模式控制、校准控制、清洗控制，停水保护等。

（3）应在满足现场控制点的基础上具有 10% 以上的备用控制点，以备日后控制单元的修改和升级。

（4）断电、断水或设备故障时的安全保护性操作。

（5）具备自动启动和自动恢复功能。

（6）断电后可继续工作时间≥12 h。

8.3.5.3　数据采集与存储

数据采集和控制单元应同时具备数据存储能力，可作为现场数据传输的备用设备，在现场监控和数据传输单元无法正常工作时，应能保证历史数据的正常传输。

（1）具备 16 通道以上模拟量采集功能，并具有可扩展性。

（2）数据采集精度：≥16 bit，采集频率：≥1 Hz。

（3）断电后能自动保护历史数据和参数设置。

（4）数据储存量：≥400 组。

8.3.6　现场监控和数据传输单元

现场监控和数据传输单元推荐采用低功耗、高稳定性的嵌入式软硬件设计，该单元主要实现现场运行状态的监控，现场运行参数的设置，历史数据和系统运行日志的存储，与上位机的通信等功能。

8.3.6.1　现场监控单元功能

（1）监控现场各设备状态，并以图形化的界面显示其运行状态，同时能够对数据采集和控制单元的参数进行设置。

（2）可按通信协议要求定时主动上传历史数据、报警信息等。

（3）能够接受中心站的远程访问，实现远程状态监控和参数设置。

（4）可记录现场系统的运行状态，并以运行日志的形式保存，应能保存 1 个月以上的日志信息。

（5）可对现场各参数分别设置报警上下限，具备数据超标自动报警功能，并能够保存 1 个月以上的报警信息，同时应能够将报警信息及时上传至中心站。

（6）数据的存储容量：能够保存 2 年以上的历史数据。

（7）停电保护和后备：系统必须能够在断电时保存系统参数和历史数据，在来电时自动恢复系统。推荐配置相应的后备电源系统，保证系统断电后通信部分仍维持运行 12 h，完成异常事件的上传和远程数据下载。

（8）具备对通信链路的自动诊断功能，一旦通信链路不畅，能够及时自动恢复通信链路。

8.3.6.2　数据传输单元技术

数据传输单元与中心站的通信根据子站情况可采用有线或无线的方式。

（1）远程通信能够支持有线通信，可扩展支持无线方式的通信。

（2）远程数据传输须采用具有校验功能的通信协议，能够及时纠正传输错误的数据包。推荐采用国际标准协议。

（3）具有网络功能，能够通过网络路由器实现与局域网或广域网的连接。

8.3.6.3 数据传输安全性

为保证水质自动监测站与中心站之间数据传输的安全，在有条件的前提下，应尽量采用专网传输数据。如需在公网上传输，则应采用相应的加密手段，以保证数据的安全。

8.3.7 中心站系统

8.3.7.1 中心站计算机

（1）中心站具备专用的、满足中心站软件工作要求的计算机。

（2）中心站计算机应具备防病毒和防火墙等防护功能，保证数据安全。

（3）应配置传真机、打印机、UPS 不间断电源等。

8.3.7.2 数据库

（1）开放的标准关系数据库，应具有足够的数据库容量和网络共享功能，良好的可扩充性和快速的检索。

（2）便于维护、备份和数据库应用开发。系统软件应具有原始数据的保护功能，防止人为修改原始数据。

8.3.7.3 远程控制和通信

（1）能够支持与子站相对应的通信方式，并支持相应的通信协议。

（2）能够自动接收并存储子站上传的历史数据、报警信息和工作日志等。

（3）具有图形方式对远程子站进行运行状态显示和参数设置（运行模式，安全参数和超标报警等）。

（4）能够对数据采集过程中发生的异常信息进行记录存储。

8.3.7.4 数据管理和报表输出

（1）下载后的数据可通过中心站软件进行各子站任意时间段的图形显示和缩放，趋势图比较和报警数据分析，并根据预先的设定，将超标和无效数据予以特殊标记。

（2）异常数据的自动剔除，超标数据的列表，有效数据的统计等功能。

（3）报表统计和图形曲线分析，自动形成并打印；能根据有效数据自动生成日报、周报、月报，该报表应至少包括样本数、最大值、最小值、平均值、均值水质类别等数据。

（4）能判断水质类别和各指标超标情况；能根据用户要求进行数据处理，可以进行不同时间段的数据对比。

8.3.7.5 安全管理

（1）具有安全登录和权限管理功能，防止非授权的使用。

（2）具备对用户修改设置和数据等操作的记录功能。

8.3.7.6 数据的导入导出及备份

所有历史数据可转换通用的数据文件格式保存。并能够满足中心站数据库系统对本数据的备份、共享及数据传递等操作。

8.4 质量保证与质量控制

为保证水质自动监测站长期稳定运行，及时准确地掌握水质状况和变化趋势，发挥水质自动监测站的预警作用，保证为环境管理提供及时、准确、有效的监测数据，应强化水质自动监测的质量管理和控制。

8.4.1 基本要求

（1）建立完善的自动站运行管理制度。

（2）水质自动监测站维护人员需持证上岗。

（3）在日常监视与维护的基础上，定期进行自动监测仪器测试和实验室分析对比试验，以及使用标准溶液对自动监测仪器进行核查。

（4）对上报的自动监测数据进行三级审核。如果自动监测仪器运行出现故障或监测数据质量不符合要求应采用手工监测，并将数据上报。

8.4.2 管理制度

（1）建立水质自动监测站运行管理办法；

（2）建立水质自动监测站运行管理人员岗位职责；

（3）建立水质自动监测站质控规则；

（4）建立水质自动监测站仪器操作规程；

（5）建立岗位培训及考核制度；

（6）建立水质自动监测站建设、运行和质控档案管理制度。

8.4.3 质控措施

8.4.3.1 技术人员

（1）水质自动监测站运行人员应热爱本职工作，有高度的责任感和敬业精神。

（2）具备较全面的专业技术知识和操作技能，熟悉自动站仪器操作和设备性能，严格按照安全操作规程使用仪器设备。

（3）定期参加培训，实施持证上岗和人员考核。

8.4.3.2 严格按规范操作

（1）水质自动监测系统启动前的检查、开机操作步骤及仪器校准测量等应严格按操作规程执行。

（2）按操作规程的要求定期进行仪器设备、检测系统关键部件的维护、清洗和标定，按照操作规范规定的周期更换试剂、泵管、电极等备品备件和各类易损部件，关键部件不能超期使用；更换各类易损部件或清洗之后应重新标定仪器。

（3）试剂更换周期一般不超过两周，校准使用液不得超过一个月。更换试剂后必须进行仪器校准，仪器有特别要求的应按仪器使用说明书执行。应注意试剂的生产厂、日期、纯度和保质期。自动监测仪器使用的实验用水、试剂和标准溶液须达到 HJ/T 91—2002 中质量保证要求。

（4）每天通过远程控制系统查看自动监测站的运行情况和监测数据的变化。检查水站系统的运行情况，发现或判断仪器出现问题或故障时应及时维修和排除；对不能解决的重大故障应及时向系统维护部门和上级单位报告，同时应做好手工采样和实验室分析的应急补救措施。

（5）建立仪器设备档案和数据管理档案。认真做好仪器设备日常运行记录及质量控制实验情况记录。

8.4.3.3 巡检制度

建立定期巡检制，要求每周至少 1 次正常巡检，巡检期间做好水站系统的检查、仪器校准、隐患排除及外部设施的检查工作，当水质自动监测系统出现故障时，由现场值班人员做出判断对其修复，未经厂方允许不做不熟悉仪器的拆卸，报告有关技术负责人通过现场查看分析，找出问题及故障根源，争取在最短的时间内使系统恢复正常，保证监测数据的连续性和有效性。巡视主要内容有：

（1）查看各台分析仪器及设备的状态和主要技术参数，判断运行是否正常；

（2）检查子站电路系统和通信线路是否正常；

（3）检查采水系统、配水系统是否正常；

（4）检查并清洗电极、泵管、反应瓶等关键部件；检查试剂、标准液和实验用水存量是否有效；更换使用到期的耗材和备件；进行必要的仪器校准等；

（5）按系统运行要求对流路及预处理装置进行清洗；排除事故隐患，保证水站正常运行。

8.4.3.4 对比实验及标准溶液核查

（1）标准溶液核查。应按仪器使用说明对水质自动监测仪器定期进行校准。每周对自动监测仪器做一次标准溶液核查，相对误差应小于±10%，否则需要对自动监测仪器重新校准。

（2）对比实验。每月对自动监测仪器进行 1～2 次对比实验，比较自动监测仪器监测结果与国家标准分析方法监测结果的相对误差，其值应小于±15%，否则需要对自动监测仪器重新校准或进行必要的维护和调整。

（3）核查结果和比对结果随次周、次月的自动监测周报传给上级环境监测站。

（4）对监测数据实施质量控制，使用质控样或密码样进行定期或不定期的质量考核，以保证水质自动监测数据的准确。

8.4.4 对比实验方法及数据误差统计

8.4.4.1 对比实验方法

各项目的对比实验方法应采用现行的国家环境保护标准分析方法。

8.4.4.2 水样采集与处理

（1）对比实验应与自动监测仪器采用相同的水样；

（2）若试验仪器需要过滤或沉淀水样，则对比实验水样用相同过滤材料过滤或沉淀；

（3）采样位置与自动监测仪器的取样位置尽量保持一致。

8.4.5 数据管理与审核

8.4.5.1 日常数据管理

（1）控制中心值班人员应具备计算机、数据采集与传输等方面的知识，并能熟练操作。

每日上午 8：00～9：00、下午 3：00～4：00 通过专用软件远程调取和监视系统运行情况和监测的实时数据，并对数据进行分析，如果发现异常情况应及时赶赴现场处理。

（2）定期备份水质自动站监测的原始数据并每年进行存档。

（3）水质自动站监测数据报出应按报表要求进行统计和填写，执行三级审核。

（4）当仪器监测出现峰值时应认真判断，不是异常值而是水质变化时应及时向上级管理部门报告，必要时应到水站现场采样实施手工监测。

8.4.5.2 数据异常值的判定与处理

异常数据的判别及处理应根据以下原则：

（1）当仪器一次监测值在前 7 天的监测值范围内，但连续 4 次为同一值时，应检查仪器及系统的运行状况，系统或仪器为正常时，确定为正常值。若仪器不正常时，判断为异常值。

（2）当一次监测值或最低值超过前 3 天和后 2 天各次监测值平均值的 2 倍标准差时，确定为异常值，该值不参加均值计算。

（3）若数据采集系统发出异常值警告，但确认仪器正常时，警告值不作为异常值处理。

（4）当已知仪器或系统运行不正常，或电极、泵管等耗材需要更换，仪器的测定结果与国标分析方法的测定结果有显著性差异时，仪器的测定数据应予剔除，不能参加各种数据统计。

（5）仪器连续发生可疑值时应及时采集水样进行实验室分析，并以实验室分析结果代替仪器值进行均值计算。

8.4.5.3 数据审核

水质自动监测站报出的监测数据严格执行三级审核制度。对于异常值应根据仪器的工作状况、近期水质变化趋势及相关参数变化趋势等方面加以判断，如有必要则进行人工采样分析加以确认。

（1）一级审核为自动站监测人员随时对仪器监测的数据进行检查和审核，发现异常值时应对仪器的运行情况进行检查，若确定为仪器故障时，对异常数据做标志，并及时排除仪器故障。

（2）二级审核为自动站技术负责人（或室主任）对上报的监测数据进行审核，并对一级审核提出的异常数据进行复核。

（3）三级审核为站长对上报上级监测站的数据进行审核。

8.5 系统维护与运行管理

8.5.1 自动监测站维护

8.5.1.1 现场巡检

对自动监测站应定期进行巡检，现场检查自动站各部分的运转情况，并记录巡检情况。

每次对监测子站巡检时应包括：

（1）检查自动监测站的接地线路是否可靠，排水排气装置工作是否正常，各管路是否漏液体及试剂消耗情况。

（2）检查采样和排液管路是否有漏液或堵塞现象，各分析仪器采样是否正常。

（3）检查监测仪器的运行状况和工作状态参数是否正常。

（4）检查供电、过程温度、搅拌电机、传感器、电极以及工作时序等是否正常，检查有无漏液，管路里是否有气泡等。

（5）在经常出现强风暴雨的地区，子站房周围的杂草和积水应及时清除。检查避雷设施是否可靠，站房是否有漏雨现象，站房外围的其他设施是否有损坏或被水淹，如遇到以上问题应及时处理，保证系统安全运行。

8.5.1.2　中心控制室（站）维护

中心控制室（站）每日的检查工作应包括：

（1）控制中心控制室内的温度、湿度，确保计算机系统在良好的环境中运行。

（2）确保在用计算机系统及备份计算机系统的硬、软件的正常运行。

（3）定时对系统软件、水质监测软件、查杀毒进行升级更新。

8.5.2　停机维护

短时间停机，一般关机即可，再次运行时需重新校准。长时间（超过24h）停机，仪器需关闭进样阀、总电源，并用蒸馏水对仪器内部的管路系统和传感器清洗，测量室排空。测量电极，应取下并将电极头入保护液中存放，再次运行时需重新校准。

8.5.3　系统检修

8.5.3.1　保养检修

根据系统运行的环境状况，在规定的时间对系统正在运行的仪器设备进行预防故障发生的检修。在有备份仪器的保障条件时，应用备份仪器将监测子站中正在运行的监测分析仪器设备替换下来，送往实验室进行保养检修，如没有备份仪器保障条件时，可到现场进行保养检修。保养检修计划应根据系统仪器设备的配置情况和设备使用手册的要求制定。

（1）自动监测站的监测仪器设备每年至少进行1次保养检修。

（2）按厂家提供的使用和维修手册规定的要求，根据使用寿命，更换监测仪器中的灯源、电极、传感器等关键零部件。

（3）对仪器电路各测试点进行测试与调整。

（4）对仪器进行液路检漏和压力检查；对光路、液路、电路板和各种接头及插座等进行检查和清洁处理。

（5）对仪器的输出零点和满量程进行检查和校准，并检查仪器的输出线性。

（6）在每次全面保养检修完成后，或更换了仪器中的灯源、电极、蠕动泵、传感器等关键零部件后，应对仪器重新进行多点校准和检查，并记录检修及标定和校准情况。

（7）对完成保养检修的仪器，在确认仪器运行考核通过后，仪器方可投入使用。

8.5.3.2 故障检修

故障检修是指对出现故障的仪器设备进行针对性检查和维修。故障检修应做到：

（1）应根据所使用的仪器结构特点和厂商提供的维修手册的要求，制定常见故障的判断和检修的方法及程序。

（2）对于在现场能够诊断明确，并且可由简单更换备件解决的问题，如电磁阀控制失灵、泵管破裂、液路堵塞和灯源老化等问题，可在现场进行检修。

（3）对于其他不易诊断和检修的故障，应将发生故障的仪器或配件送实验室进行检查和维修。若有备份仪器，则在现场用备份仪器替代发生故障的仪器。

（4）在每次故障检修完成后，应根据检修内容和更换部件情况，对仪器进行校准。对于普通易损件的维修（如更换泵管、散热风扇、液路接头或接插件等）只做零/跨校准。对于关键部件的维修（如对运动的机械部件、光学部件、检测部件和信号处理部件的维修），应按仪器使用手册的要求进行线性检查、校准，并详细记录检修及检查、校准情况。

案例 8-1　千烟洲生态站水质自动在线监测仪器使用和维护标准操作程序

一、多参数水质分析仪

1. 水质分析仪的测量原理

YSI 6 系列多参数水质监测仪体积小，功能强，适用于不同水体的多点采样、定点式采样、长期连续监测和剖面分析。非常适合野外测量水质参数，包括溶解氧、温度、电导率、pH 值、ORP、氨氮、硝氮、氯离子等，可根据需求灵活选配不同类型的传感器，主机、电缆、探头三体分离，所有探头均可在野外自行更换、校准和维护。

Sonde 主机连接顺序：脉冲溶氧膜片—探头—电池—电缆—读表，并在电脑上安装软件操作分析。

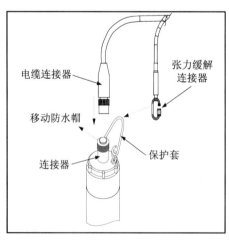

不同参数技术指标：

参数	测量原理	测量范围	分辨率	精度	备注
快速脉冲溶解氧	快速脉冲极谱法	0～50 mg/L	0.01 mg/L	0～20 mg/L：读数之±2%或0.2 mg/L，以较大者为准；20～50 mg/L：读数之±6%	
		0～500%空气饱和度	0.1%	0～200%：读数之±2%或2%空气饱和度，以较大者为准；200%～500%：读数之±6%	
光学溶解氧	荧光法	0～50 mg/L	0.01 mg/L	0～20 mg/L：读数之±1%或0.1 mg/L，以较大者为准；20～50 mg/L：读数之±15%	
		0～500%空气饱和度	0.1%	0～200%：读数之±1%或1%空气饱和度，以较大者为准；200%～500%：读数之±15%	
电导率	纯镍电极电导测量管法	0～100 mS/cm	0.001～0.1 mS/cm（视量程而定）	读数之 0.5%+0.001 mS/cm	
盐度	离子选择电极	0～70×10^{-9}	0.01×10^{-9}	1%读数或者0.1×10^{-9}，以较大者为准	根据电导率和温度计算出
温度	热敏电阻法	−5～50℃	0.01℃	±0.15℃	
pH值	玻璃复合电极法 通过 USEPA ETV	0～14	0.01	±0.2	单选 pH 或 pH 和 ORP
ORP	白金电极法	−999～999 mV	0.1 mV	±20 mV	
氨氮/铵氮	离子选择电极法	0～200 mgN/L	0.001～1 mgN/L（视量程而定）	±2 mgN/L 或者读数之 10%，以较大者为准	适用淡水
硝酸盐	离子选择电极法	0～200 mgN/L	0.001～1 mgN/L（视量程而定）	±2 mgN/L 或者读数之 10%，以较大者为准	适用淡水
氯化物	离子选择电极法	0～1 000 mg/L	0.001～1 mg/L（视量程而定）	±5 mg/L 或者读数之 15%，以较大者为准	适用淡水
深度	不锈钢压力传感器	0～200 m	0.001 m	±0.02、0.12、0.3 m（0～9、0～61、0～200 m）	
透气式水位	不锈钢压力传感器	0～9 m	0.001 m	±0.003 m	
罗丹明	荧光法	0～1000 μg/L	0.1 μg/L	5%读数或1.0 μg/L	
浊度	90°散射光度计	0～1 000 NTU	0.1 NTU	0.3 NTU 或者 2%读数较大者	
参数	测量原理	测量范围	分辨率	线性	检出限
蓝绿藻	荧光法	0 ～ 200 000 cell/ml	1 cell/ml	R^2＞0.999 98（与罗丹明连续稀释相关性）	藻蓝蛋白 160 cell/ml 藻红蛋白 450 ccll/ml
叶绿素	荧光法	0～400 μg/L	0.1 μg/L	5%读数	0.1 μg/L 叶绿素 a

2. 水质分析仪的操作

（1）软件

安装、运行和设置： 📈 ---COM 端口；Comm-Settings-baud rate=9600

Sonde 主机与计算机连接，Eco-Watch 窗口 #: 输入" Menu" + 回车键，显示 Sonde Main Menu。

（2）设置与查看

- System-data&time
- Report-*为已选取参数和单位
- Sensor-*为已选取传感器，注意 ISE1-5 与 Sonde 接口传感器一致
- Status-date，time，battery life（*Sonde 主机数据存满前，电池电量不会耗尽*），Free bytes（*Sonde 主机 384kB15 万个读数；650MDS 读表——标准 150 组数据，大容量 1.5MB 5 万组数据*）

（3）校准

Calibrate——选择欲校准参数——接受预定值或输入标准值+回车键——读数稳定且与标准值基本一致再按回车键，完成校准（*安装校准顺序：先装温度/电导探头并校准，再装脉冲溶解氧、pH/ORP 探头并校准，后又装氨氮、硝氮、氯离子探头并校准，最后装光学探头并校准*）

- 首先校准 cond（1 点法），可不安装其他探头，sp.cond=10mS/cm 标液
- DO 校准（1 点法）：在透明校准杯中装入 3mm 水或湿海棉创造 DO=100%的饱和湿空气环境；必须同时装上温度/电导探头，且 Temp 和 DO 传感器均不能沾水；将校准杯拧上 1~2 圈，不要拧死；10~20min 读数稳定在 100%附近，接受校准

注：①YSI 厂家提供的电解质需加去离子水至标签上沿线即可，或自制＞2mol/L 近饱和/饱和 KCl 溶液；②光学溶解氧-无膜；6Series 的脉冲溶解氧-薄膜，需加满电解液并覆膜保证无气泡；Proplus 脉冲溶解氧-盖膜，盖膜内加满电解液并拧在探头上保证无气泡

- pH（2 点）=4，7，10，一般用 4 或 7 校准，同时 Temp 传感器必须浸入校准液中，注意必须脱下 NH_4^+、NO_3^-、Cl^-探头防止漂移
- ORP（1 点）Zobell-125ml 去离子水，同时 Temp 传感器必须浸入校准液中，新 ORP 传感器出厂时已校准，老旧 ORP 传感器常需校准
- NH_4^+、NO_3^-、Cl^-校准（均为 2 点）NH_4^+/NO_3^-：$1\times10^{-6}/100\times10^{-6}$ YSI 标液或自制 NH_4Cl/KNO_3；Cl^-：$10\times10^{-6}/1000\times10^{-6}$ YSI 标液或自制 KCl 溶液；同时 Temp、pH 传感器必须浸入标准液中提供温度和酸度补偿

注：NH_4^+、NO_3^-、Cl^-探头在出厂后第一次使用前要浸泡在 YSI 厂家提供的各自对应的最高浓度的校准液中至少 24h，以激活传感器；长期保存后在再次使用和校准前也要浸泡在 YSI 厂家提供的各自对应的最高浓度的校准液中一整夜，使其重新水合

- 浊度（1 点）：在透明校准杯中加入适量澄清蒸馏水作 0 NTU 标准，同时 Temp 传感器必须浸入其中，提供温度补偿后的读数

- 叶绿素（1 点）：在透明校准杯中加入适量澄清蒸馏水作 0 μg/L 标准，同时 Temp 传感器必须浸入其中，提供温度补偿后的读数

（4）测量

Run-Discrete Sample 间断（短期）；Unattended Sample 无人照管（长期）

- Discrete Sample Mode: interval = 4 s in default，file and site - start sampling - 1. log last sample; 2. log on/off; 3. clean optics
- Unattended Sample Mode: Interval，start date and time，duration days，file，site，bat volts and life，free memory（*换算成剩余天数*）- Start logging-时间超过预定值后自动停止或 stop logging manually if necessary——*注意：在 Unattended Sample Mode 下，选择高级设置（Advanced-Setup）并激活 Auto sleep RS 232（1 min），可以达到省电的目的。*

（5）文件

File 用于文件的查看（directory，view file，quick view file）、上传（upload，quick upload）、删除（delete all files）和测试内存容量（test memory）

- upload option: 将 Sonde 文件上传到计算机或手持读表中，注意选好时间段和传送格式（一般为 ASCⅡtext 标准文本）并完成上传；先新建 Excel 文件，再在 Excel 窗口打开上述 ASCⅡtext 标准文本文件，并做适当选择即可打开浏览和分析。

3. 水质分析仪无线模块的使用

为了实现水质仪监测数据的远距离控制，水质仪可以和无线传输模块相连接。W3100 系列无线数传是基于 GPRS/CDMA 的通信网络平台，采用透明传输的方式，利用太阳能板供电，从而提供高速、永远在线、透明数据传输的虚拟专用数据通道网络。

设备配套说明：

	名称	描述	数量
配套说明	W 3100 无线数传设备	银白色金属外壳	一只
	电源适配器	直流 12V	一块
	串口线	交叉线	一根
	天线	吸盘式天线	一个
	光盘	设置软件	一个
	太阳能板及蓄电池	供电	一套

（1）测试原理

DTU 设备通过 PC1 上的串口工具发送数据（ASSIC 符），经过 GPRS/CDMA 及 INTERNETE 网络，数据转发到接收端计算机 PC2 上来，同样 PC2 也可以将数据送到 PC1 上。

（2）测试拓扑图

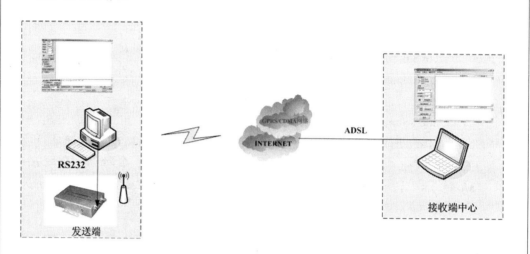

（3）测试步骤

◆ 硬件连接及软件安装

DTU 设备串口与 PC1 的串口用串口线相联（2、3 交叉的串口线），同时 PC1 打开一个串口调试工具（如：串口调试助手或超级终端软件）。

◆ 数据接收端准备

接收端的 PC2 要保证能上 Internet，PC2 上装有万维科技公司的"TCP 调试工具"即可，同时 PC2 要在路由器上放开一个与 DTU 中设置的远程端口相一致的端口。

◆ 设置 DTU

将 DTU 的所有拨码开关在 OFF 位置，此时 DTU 进入设置状态，打开对应型号的设置软件，进入如上图界面。

主要设置三部分：

◆ "串口参数"部分的设置与打开串口调试工具的串口参数设置部分相同。

◆ "通讯模式"项可选 UDP\ TCP CLENT 模式，通常根据客户要求，这两种模式要分别进行测试。

◆ "远程 IP 地址"项远程 IP 地址为 PC2 的公网 IP 或 PC2 所在路由器的公网 IP。如果 PC2 是在路由器之下的，请登录路由器给 PC2 开与 DTU "远程端口号"相同的端口号确保数据传输。

◆ "远程端口号"项为中心 PC2 接收数据时所需的端口，即为中心接收软件的"本地端口"；"本地端口"可不设，网络状态检测试项要勾选上。选用 IP 通信时，DNS 项不选，如使用域名解析的方式时，远程 IP 地址可不用做任何设置。

◆ "允许 DNS"解析项选定则为域名解析方式，当中心端无固定 IP 地址的时候可以用 DNS 解析。（运行动态域名软件之后，请 Ping 您的域名看返回是否正常）

◆ 所有参数，设置完成后要能正常保存成功。

（4）设置 TCP 调试软件

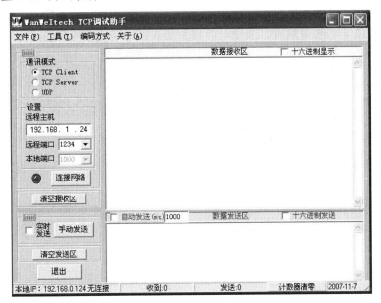

主要设置两部分

- "通讯模式"此部分与 DTU 通讯模式部分设置相对应，即：DTU 工作模式为 TCP CLIENT 则本软件设成"TCP SERVER"；DTU 工作模式为 UDP 则本软件设成"UDP"。
- "远程主机"项不填，因为 DTU 只能做 UDP 模式或 TCP CLENT 模式，所以此项不填。
- "本地端口"项要填写在路由器上放开的端口，也就是 DTU 端设的"远程端口"。

（5）测试

- 在 PC1 上的串口调试工具上的发送区域填"ABCD123456789"，然后点击"手动发送"此时接收 PC2 上的"TCP 调试工具"接收区内会收到"ABCD123456789"，连续发送 3 min，通过软件的计数器统计后，如发送字节数与接收字节数相同，则视为设备工作正常。
- 同样，在 PC2 上将"ABCD123456789"发回，PC1 也要能正常接收。

（6）观察设备状态

如果设备正常时，"信号"灯常闪；"电源"灯常亮；"网络"灯亮；"数据"灯则根据数据的收、发情况闪烁。

4．日常维护与保存

（1）日常维护

O 圈：硅油防水；

接口：干燥防水；

深度探头：针筒；

电导率探头：小清洁刷；

脉冲溶解氧探头（极谱法）- 银的阳极（顶壁）或金的阴极（顶面），细砂纸打磨 3～4 次；

pH、ORP 探头：软布或棉签；

氨氮、硝氮、氯离子探头：酒精；

光学传感器（光学溶解氧、浊度、叶绿素等）- 清洁光学传感器表面 clean optics-软件操作。

（2）保存

短期存储（＜30 d），透明杯装湿海棉或 1 cm 水，探头均已安装好并扣在杯中并拧紧，获得 100%饱和湿空气环境。

长期存储（＞30 d），取下探头，按照出厂时提供的贮存方式保存。

Cond/temp probe：干燥保存

6Series 脉冲溶解氧探头：干燥保存

pH、ORP 探头：装在出厂时提供的塑胶瓶中（2 mol/L KCl 溶液）

NH_4^+、NO_3^-、Cl^- 探头：干燥保存

光学探头：干燥保存，注意遮光

例：千烟洲下松塘水库水质自动监测实时数据截图

```
   Date      Time   Temp SpCond  Cond    TDS    Sal    pH     Orp   Turbid+   Chl  ODOsat       ODO  Battery
 m/d/y    hh:mm:ss   C   mS/cm   mS/cm   g/L    ppt           mV     NTU     ug/L    %        mg/L   volts

08/14/2011 10:31:55 31.43  0.117  0.131  0.584  0.05  7.67   136.0   25.6   40.0   61.1      4.50    13.7
08/14/2011 10:46:56 31.29  0.120  0.134  0.600  0.05  7.42    92.1   24.8   40.2   41.4      3.06    13.6
08/14/2011 11:01:58 31.22  0.123  0.137  0.613  0.06  7.03    12.5   21.5   38.6    7.1      0.53    13.4
08/14/2011 11:16:57 31.18  0.126  0.141  0.630  0.06  6.99   -41.3   24.0   67.4    1.7      0.13    13.5
08/14/2011 11:31:57 31.05  0.128  0.142  0.638  0.06  6.98   -99.4   16.2   51.7    1.6      0.12    13.4
08/20/2011 00:01:59 32.09  0.130  0.148  0.650  0.06  7.11  -327.9   13.6   47.9    1.1      0.08    11.4
08/20/2011 00:16:59 32.12  0.129  0.147  0.645  0.06  7.11  -337.5   13.4   45.4    1.1      0.08    11.4
08/20/2011 00:31:59 32.19  0.126  0.143  0.630  0.06  7.07  -341.6   14.8   45.2    1.1      0.08    11.3
08/20/2011 00:46:58 32.24  0.125  0.143  0.626  0.06  7.08  -344.2   13.4   46.3    1.1      0.08    11.3
08/20/2011 01:01:59 32.25  0.126  0.144  0.631  0.06  7.09  -354.4   13.0   46.2    1.1      0.08    11.4
08/20/2011 01:16:59 32.28  0.126  0.143  0.629  0.06  7.08  -357.7   12.7   47.7    1.1      0.08    11.3
11/15/2011 17:00:16 19.10  0.130  0.116  0.085  0.06  9.59   156.6   17.2   70.5  191.6     17.73    13.0
11/15/2011 17:30:16 19.07  0.131  0.116  0.085  0.06  9.59   160.5   18.9   68.4  180.9     16.76    13.0
11/15/2011 18:00:16 19.26  0.131  0.117  0.085  0.06  9.71   164.2   18.5   90.3  184.5     17.02    13.0
11/15/2011 18:30:16 19.48  0.131  0.117  0.085  0.06  9.76   168.6   21.1   84.4  193.9     17.81    13.0
11/15/2011 19:00:16 19.41  0.131  0.117  0.085  0.06  9.72   172.4   18.9   93.5  188.8     17.37    13.0
12/01/2011 00:00:16 16.80  0.140  0.118  0.091  0.07  7.57   328.1  219.9   32.8   49.8      4.83    12.5
12/01/2011 00:30:16 16.60  0.140  0.117  0.091  0.07  7.55   329.3  221.5   24.1   52.4      5.11    12.5
12/01/2011 01:00:16 16.87  0.140  0.119  0.092  0.07  7.53   329.9  226.8   28.7   48.9      4.74    12.6
12/01/2011 01:30:16 16.67  0.141  0.119  0.092  0.07  7.52   327.0  231.7   30.1   49.4      4.80    12.6
12/01/2011 02:00:16 16.71  0.141  0.119  0.092  0.07  7.46   328.6  238.0   30.8   41.1      3.99    12.5
```

二、FlowTracker 声学多普勒流速仪

1. 流速仪的测量原理

FlowTracker 又称手持式 ADV，是一款可在野外使用的便携式点流速测量仪，采用声学多普勒频移原理和声波收发分置技术，内置的连续脉冲处理器可快速自动测量流速 Velocity 和流量 Discharge，可测水深浅至 2 cm、可测最低流速 1 mm/s，尤其适合湿地生态系统浅水低流速测量。

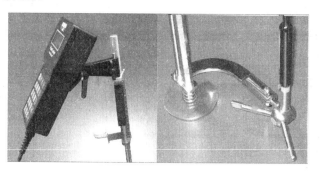

2. 流速仪的操作

（1）准备

电源/通信接口处密封帽，测量前拧松 15 s 后再拧紧，以便平衡 FlowTracker 内外大气压。

（2）开机

```
              Main Menu
    1:Setup Parameters
    2:System Functions
    3:Start Data Run
```

（3）使用前现场诊断（2：system functions）

系统时钟、存储状态、温度、电池、原始流速数据（将探头插入将要施测的位置，信噪比 SNR > 10 dB，至少 4 dB，流速数据就当地条件和经验看应当合理）

```
1:View Data File        4:Temperature Data      7:Auto QC Test
2:Recorder Status       5:Battery Data          8:Show Config
3:Format Recorder       6:Raw Velocity Data     9:Set System Clock
0=Exit or Enter=More    0=Exit or Enter=More    0=Exit or Enter=More
```

系统功能（system functions）还可执行：查看数据文件、格式化记录（删除）、自动QC测试等

（4）设置参数（1：setup parameters）

```
1:Units English         4:QC Settings           7:Language English
2:Avg Time (40)         5:Discharge Settings
3:Mode Discharge        6:Salinity (0.00)
0=Exit or Enter=More    0=Exit or Enter=More    0=Exit or Enter=More
```

单位：Metric

平均时间：每一个测值数据采集时间长度（10~1000 s）30 s（*每秒1次采样，相当于30次测量平均*）

数据采集模式 General/Discharge

盐度：淡水盐度 0 ppt（‰）；海水盐度 35 ppt（‰），应安装一个镀锌阳极保护探头。

（5）测量（3：start data run）

a. 在 General 模式下：

指定文件名和后缀名

◆ 对于 site、operator name、automatic QC test、Station number（自动生成）、L1、L2、Dep、MDep，可选

◆ 探头插入水中指定位置后，按 measure 键开始测量

x 轴方向与水流方向一致，测量的是探头正前方 10 cm 处的水流速度

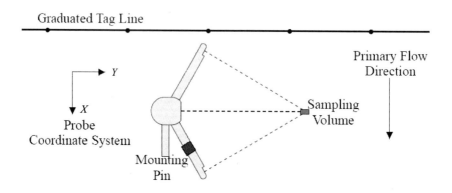

显示流速和 QC 数据摘要

V_x 越大越好，V_y 越零越好，因为 x 轴方向与水流方向一致;

SNR: 信噪比，一般 $> 4 \sim 10\,dB$;

σ_V: 流速的标准误差，一般 $< 0.01\,m/s$;

Spikes: 每个测值数据中的不合理值数目（干扰数目），一般 $< 5\% \sim 10\%$ 总采样数;

Bnd: 边界调整值，*Best/Good/Poor*，若显示 *Poor*，说明干扰较大，需调整测量位置。

V_x 2.25	σ_V 0.02
V_y 0.42	SNR 15.1
Spikes 0	Bnd BEST
1:Accept	2:Repeat

接受测量结果，自动转入下一个 Station 测量

- 当最后一个 Station 测量完成后，按 End section 键，结束测量，返回主菜单并保存数据（*可使用 Previous station、Next station、Enter（for more）、0（退出并返回主菜单）键在测量过程中或测量结束后浏览数据信息*）（在关闭系统之前，必须先返回主菜单，以确保所有数据得到正确保存）

b. 在 Discharge 模式下:（FlowTracker+测杆）

- 选择河底较平坦的测量断面，吊起一根带有刻度的标线并横跨河流;
- 记录每条测速垂线的位置（Loc）和水深（Dep），并且在每条测速垂线上选一点或多点施测流速以确定该条垂线的平均流速（0.6—$V_{mean} = V_{0.6}$、0.2/0.8—$V_{mean} = (V_{0.2} + V_{0.8})/2$、0.2/0.6/0.8—$V_{mean} = (V_{0.2} + 2V_{0.6} + V_{0.8})/4$，所有水深值（*Dep*、*MDep*）都是从水面向下算起）;
- 探头的 x 轴线（水流方向）应当保持与标志线垂直，只用流速的 x 轴矢量（V_x）用于流量计算;
- FlowTracker 支持的 Discharge 计算方法: 部分中间法（Mid Section Equation，the default，USGS/ISO 标准）、部分平均法、日本方法。

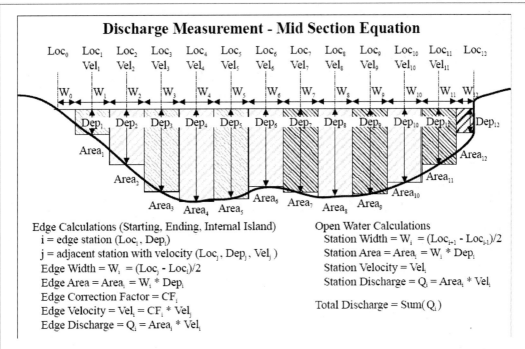

Discharge Measurement - Mid Section Equation

Edge Calculations (Starting, Ending, Internal Island)
i = edge station (Loc_i, Dep_i)
j = adjacent station with velocity (Loc_j, Dep_j, Vel_j)
Edge Width = W_i = (Loc_j - Loc_i)/2
Edge Area = $Area_i$ = W_i * Dep_i
Edge Correction Factor = CF_i
Edge Velocity = Vel_i = CF_i * Vel_j
Edge Discharge = Q_i = $Area_i$ * Vel_i

Open Water Calculations
Station Width = W_i = (Loc_{i+1} - Loc_{i-1})/2
Station Area = $Area_i$ = W_i * Dep_i
Station Velocity = Vel_i
Station Discharge = Q_i = $Area_i$ * Vel_i

Total Discharge = Sum(Q_i)

- 测杆（顶端与 Handheld Controller 对接，底座支架与 FlowTracker Probe 连接）

  主杆：读取水深（Dep），三线 0.5 m 增量、双线 0.1 m 增量、单线 0.02 m 增量

  副杆：可上下调动，计算传感器深度，即测量水深（MDep）

  若测点在水深的 0.6 倍处，即 MDep=0.6Dep，则副杆调整后的高度应等于实际水深
Dep；

  若测定在水深的 0.8 倍处，即 MDep=0.8Dep，则副杆调整后的高度为实际水深 Dep
的一半；

  若测定在水深的 0.2 倍处，即 MDep=0.2Dep，则副杆调整后的高度为实际水深 Dep
的 2 倍；

  如 Dep=0.12 m，0.6 method，副杆调整后高度应为 0.12 m，副杆刻度 1（代表 0.1 m）
应与主杆把手刻度 2（代表 0.02 m）对齐。

- 使用 Handheld Controller 操作时的特殊说明（不同于 General mode 之处）

* 设置边界（岸边）信息和垂线信息

```
     Starting Edge
Loc 1.00    Dep 0.50
LEW         CF 1.00
 Press Next Station
```

Set Location、Set Depth、Corr. Factor（CF）、LEW/REW（开始测量时选择左岸/右岸）-Next Station

```
Stn 1      Loc 2.00
0.6        0.6(0.54)
           Dep 1.35
           Enter=More
```

Set Location、Set Depth、Method+/-（选择该条垂线的流速测量方法，一点法、二点法等）-Enter

　　* 设置完成，探头插好，按 measure 开始测量

```
Vel 2.25      σV 0.04
Ang 5°        SNR 15.1
Spikes 0      Bnd BEST
1:Accept      2:Repeat
```

　　一条垂线结束后会有流速和 QC 数据摘要显示出来 *Vel*（*Vx*）、*σV*、*Ang*（*相对于 x 轴方向的水流角度，理想 <20°*）、*SNR*、*Spikes*、*Bnd*

　　* 当所有垂线测量完成后，按 End section 键，结束测量，自动数据审查，显示结束边界屏，一切妥当后，按 Calculate Disch.完成流量计算，注意：在关闭系统前应先返回主菜单，以确保所有数据得到正确保存。

　　其他重要数据信息显示：

RatedQ：率定流量（即估计流量或理论流量，由用户输入，供比较）

TotalQ：计算流量（根据 FlowTracker 测值计算）

NPts：采集的测点数目（在数值上与 Avg Time 一致，因为 FlowTracker 每秒 1 次采样）

StnQ/StnV：某一测速垂线的流量/某一测速垂线的平均流速

%Q：某一测速垂线流量占 RatedQ/TotalQ 的百分比，一般 <5%～10%

Q Uncertainty：流量不确定度，越低越好

Num Stations：总的垂线数目（包括边缘）

Mean V：断面平均流速（等于 TotalQ/总面积）

Start/End Height，Change：开始和结束测量水位以及两者之间差异

File：（文件名.后缀名）

3. 常规保养

（1）定时诊断程序

　　附加的诊断程序可以从手持控制器的界面输入获得，本仪器的软件包括一个名叫 ADVCheck 的诊断程序，我们建议定期运行一次该程序（每周一次）。

（2）传送器的清洗

　　传感器上有东西生长不会影响流速测量，但是会削弱声波信号强度，在清水中可能增加流速数据中噪声的强度。对本仪器传送器周期的清洁能够在高生物活动区保持最佳的运行。本仪器被压缩在环氧基树脂中，附着的生物或其他种类生物是进不去的。为了除掉附着的生物，只需简单地用一块布或硬的刷子（非金属的）就行。传送器上的环氧基树脂是很好的耐用品，除非直接的冲击，一般不会轻易被伤害。

（3）电缆线的保养

　　本仪器的探头电缆线是系统中最脆弱的部分，电缆线是用非常耐用的聚氨酯包裹用以提供良好的长时间的耐用性和抵抗磨损，电缆线对任何伤害都是敏感的，应该小心对待，定期检查电缆线及各个接头，电缆线对声音是敏感的，使用者是不能改动的。

（4）O形圈

本仪器便携控制器使用了一个O形密封圈,便携控制器的设计是具有临时的防水作用的，但是不能用于水下操作；当系统打开时，O形圈将在细心的照看下发挥其良好的作用；当控制器盒打开后，清洁并检查O形圈的表面。必要的时候可以更换O形圈；当系统运行时，要保证O形圈表面不得乱涂以及其他伤害。

（5）仪器内部的凝结物

如果空气中的潮气进入控制器的盒内并凝聚，将对仪器的电路造成严重的伤害。机箱内有一个干燥剂盒子用以吸收潮气。

（6）镀锌阳极的侵蚀防护

本仪器在盐性水中使用时，一个附加的镀锌阳极将会提供侵蚀保护，一个为保护而牺牲的镀锌阳极被安置在探头上（附着在探头的金属杆上）。检查阳极情况，用一个螺丝刀试着削一小片，如果有大片的比较容易脱落，那么这个阳极就该换了。每次使用后，电缆线及探头应该用清水彻底清洗。

9 水环境观测数据录入过程质量保证与质量控制措施

水分监测指标数据经过从野外观测采集、预处理过程后，需要以一定的标准、规范的形式形成报表文件，经过台站审核后上报到水分分中心；同时在水分分中心层面上，也需要对各台站上报的水环境观测数据进行审核，并最终入库。

本章主要讨论数据从采集、预处理到形成规范报表再到数据审核进入数据库这一广义上的录入过程中的质量保证与控制措施。

9.1 水环境观测数据录入概述

广义上的水环境观测数据录入包括台站前端录入和分中心层面上的后端录入两个部分，即从数据采集预处理、形成规范报表、数据审核入库的一系列过程。

水环境观测指标数据的获取，包括手工记录和仪器自动观测，获取数据后可能还需要经过一定的预处理，才能形成上报的原始数据；此外，对于通过仪器观测自动记录的数据，针对同一指标，所采用的仪器也常常各不相同，类别繁多，受仪器自身且类型多样化的限制，也很难采用统一的程序来进行集中处理。因此目前水分监测数据的录入主要以定制格式的 Excel 报表的形式供用户录入元数据、实体数据，这种相对开放的录入形式，在保持灵活性的同时，也对数据形成了各种各样的质量隐患。例如：

- ◆ 数据类型错误
- ◆ 表格填写错位
- ◆ 必填属性漏填
- ◆ 数字填写的手误
- ◆ 关联字段间不一致

在分中心层面上，需要汇总各台站的上报数据，对台站上报的各类水环境观测数据进行完整性、准确性、一致性的审核、检验，并最终提交进入数据库。

9.2 元数据设计

元数据是关于数据的数据。用来描述数据的内容、产生过程、数据质量和其他特性，是观测数据被使用者使用的基础。

首先，元数据能使数据生产者以外的用户更快地发现所需要的数据，更好地了解其内容和限制，评估其对于应用需求的适用性；其次，长期观测数据的产生具有不可重复性，为保证数据的正确使用以便为生态环境评估提供依据，必须完整地说明数据生产的方法和条件。元数据允许数据生产者对这些信息进行完全的记录，以便这些数据不因时间的流逝而丧失可用性。最后，元数据能帮助有效地保存、管理和维护这些数据，且使数据能够不受人员变动的影响而失去作用，防止数据资产的流失。

《陆地生态系统水环境观测规范》提出了水环境长期监测元数据初步规范，随后《长期生态学数据资源元数据标准》（征求意见稿，中国生态系统研究网络科学委员会）又进一步规范了水环境长期监测元数据体系。

根据《长期生态学数据资源元数据标准》（征求意见稿），对陆地生态系统水环境长期观测而言，水环境观测元数据由 10 个模块组成，包括标识信息、数据质量、方法、场地、项目、分发信息、元数据参考、实体、空间参照系、空间表示信息，见图 9-1。

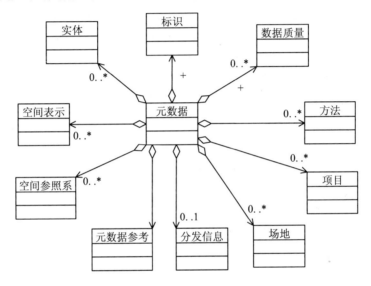

图 9-1　长期生态学数据资源元数据

（引自《长期生态学数据资源元数据标准》（征求意见稿））

（1）标识信息

"标识信息"包含唯一标识资源的有关信息，它包括资源的题名、摘要、目的、主题、贡献者、状态、日期、维护、关联、限制和范围等信息。标识信息元数据模块是必选的，它包含必选、条件必选和任选的描述符。

（2）数据质量

"数据质量"说明对数据资源质量的评价，包含质量评价的范围和评价报告。数据质量元数据模块是必选的。"数据质量"也包含必选、条件必选和任选的描述符。

（3）方法

说明数据资源生产过程中遵循的方法（方法是影响数据质量的重要因素）的有关信息，包括方法步骤、采样、质量控制措施等。"方法"是可选的，包含条件必选和任选的描述符。

（4）场地

产生数据的试验或者观测所在的场地的有关信息。一般而言，场地信息用于对野外试验或者观测产生的数据的自然环境背景进行说明。场地元数据模块是可选的。

（5）项目

对创建数据集的研究背景的说明，包括项目名称、动机和目标、资金、人员等。项目信息包含必选和任选的描述符，在制定元数据应用方案时，根据需要"项目"可能被选择也可能不被选择作为元数据应用方案的组成部分。

（6）分发信息

有关资源如何分发和获取的信息，是分发格式、分发订购程序、传送选项和分发联系人等的聚集。如果对外提供资源发现和访问服务，那么在制定元数据应用方案时，分发信息一般都会被选择作为元数据应用方案的组成部分。

（7）元数据参考

对元数据实例自身而不是元数据实例所描述的数据集资源的说明，包括元数据实例的语种、创建和修改日期、联系人、依据的元数据标准（元数据应用方案）等。元数据参考包含必选和任选的描述符；元数据参考在组成元数据应用方案时是必选的。

（8）实体

数据集所包含的数据实体的有关信息，用于在数据实体层次上对数据集的结构（包括逻辑结构和物理结构）进行说明。"实体"包含实体名称、描述、类型、覆盖范围、属性信息、约束信息、内部物理格式等。数据实体可能是列表类型的，例如关系数据库数据表、电子表格、具有固定结构的文本文件等，可能是栅格图像、矢量图像，也可能是一般图像、模型、视频文件、音频文件或者其他类型的。

（9）空间参照系

数据集使用的空间参照系的说明，它是专门针对空间生态学数据资源的。在制定针对非空间数据资源的元数据应用方案时，不需要选用该描述符。

（10）空间表示信息

数据集中空间表示方法的信息，它是专门针对空间栅格数据集、空间矢量数据集等空间数据资源的。空间表示信息可以分为栅格空间表示、矢量空间表示。栅格空间表示、矢量空间表示都包含必选和任选的描述符。

案例 9-1　观测场地元数据信息

观测场地信息是陆地生态系统水环境观测中非常重要的基础信息，所有的水环境观测数据都是一定位置的观测，而所在位置又都是含有一定目的和意义，这些对于数据的使用是必不可少的。对于水环境（包括水文过程和水化学过程）的观测，所需要的场地信息大致可以分为以下几类：

（1）台站信息

台站是指观测场地所属台站，台站信息包括台站名，行政区域，年平均温度，年降水量，自然地理背景等信息。

（2）流域信息

流域是指观测场地所在流域，这个流域的层次可以根据观测目的确定。流域信息包括流域名称，流域年平均温度，年平均降水量，流域自然地理背景，该流域所属的上一级流域名称，流域水循环特征（丰水期，枯水期，全年平均径流量，泥沙含量等）等信息。

（3）观测场地的空间关系信息

水环境的观测场地一般有多个，观测场地之间的空间关系主要指空间水文联系和空间位置差异信息。

（4）样地信息

样地是指观测仪器和设施直接观测的位置或者直接采样的位置，一般是一个小的场地。样地信息是场地信息中的核心部分，主要包括：

◆　样地识别信息。包括样地代码，样地名称，地理位置和覆盖范围，样地监测目的等信息。

◆　样地特征信息。包括面积，样地类型，土壤类型和母质，地形地貌（高程、坡度坡向等），植被类型和特征，土地利用类型，水分状况，采样样方布局等信息。

（5）样地管理信息

样地管理信息主要是人类活动的干预和自然突发性的环境变化，包括轮作方式、播种/收获日期，灌溉/排水，农药化肥使用状况，种植与砍伐状况，特殊事件记录（洪水、病虫害，旱灾，人为干扰等），气象统计状况（月平均气温，平均降水等），其他重要管理措施记录等。

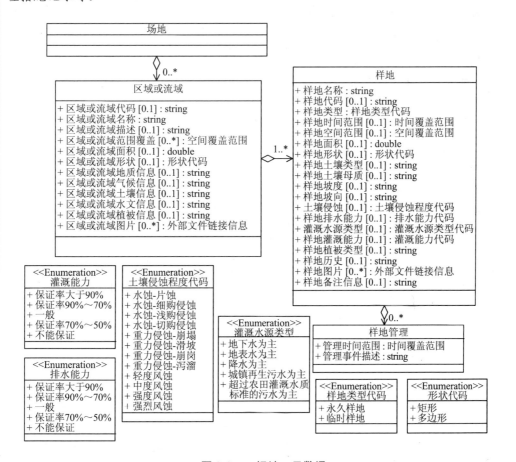

图 9-2　<场地>元数据

（引自《长期生态学数据资源元数据标准》（征求意见稿））

案例 9-2 观测与分析方法元数据信息

水环境的观测和分析方法直接影响观测数据的精度，是判断数据的利用范围和利用可靠度的主要标志。水环境要素（指标）的观测和分析方法信息大致包括以下几个方面：

（1）试验设计信息

主要是试验设计的方案或采样设计方案。包括实施了何种野外环境处理，有多少重复，处理小区数量，以及野外均质性和异质性特征等信息。

（2）观测方法和观测仪器信息

针对野外观测的某一个或多个要素所采用的方法和仪器设备。必须详细说明观测的项目和频度、观测采用的方法和观测过程，观测使用的仪器，仪器和设施的结构特征和仪器设施的厂家信息，设施的安装和建设方面的细节，自行建造和安装的仪器设施需要详细说明仪器设施的精度和观测原理等方面的信息。还要有观测人员信息等。

（3）采样方法信息

采样方法信息包括采样点的布设方式、采样仪器、样品容器和样品运输过程方面的信息。还有采样数量、样品类型和特征、采样时间和采样人等方面的信息。如果引用了采样标准，则需要说明标准名称和代码。

（4）分析方法信息

分析方法方面的信息主要是测定项目所采样的分析方法，需要说明采样的分析方法标准，如果为非标准分析方法，需要详细说明分析过程。还包括分析实验室或分析人信息等。

（5）数据处理方法信息

是指对观测和分析所获得的数据进行处理的细节信息，包括如何处理数据，对数据异常情况的描述和处理方法，数据的下载、保存和传输方法等方面的信息。

（6）质量控制方法信息

质量控制方法信息主要是指那些观测采样和数据处理的质量控制方法。包括具体的质控控制方法，数据异常处理，质控人员信息和引用的规范和标准等。

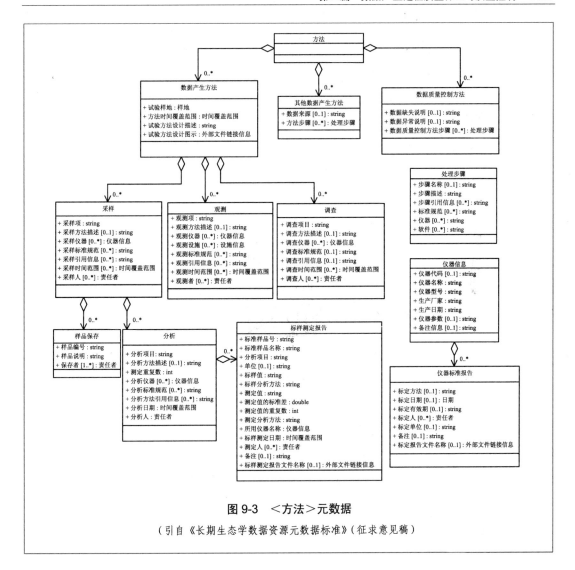

图 9-3　＜方法＞元数据

（引自《长期生态学数据资源元数据标准》（征求意见稿））

9.3　台站观测数据录入质控

针对台站水环境观测数据录入过程中存在的问题，需要从制度保障和技术手段两个方面实施严格的质控，以保证监测数据录入形成格式规范、表达完整准确一致的上报报表。从制度建设方面，要求建立录入人员、审核人员两级制度，保证作业人员对业务的熟练掌握；从技术手段方面，在现有录入方式的基础上，采用计算机化手段，从录入手段、录入校验等方面进行改进，尽量减少用户手工输入错误，简化数据处理过程。

9.3.1　制度保障

9.3.1.1　建立严格的培训制度

要求分中心、各台站建立严格的培训制度，对录入、审核人员进行严格的培训。尤其是各台站，在人员流动相对较大的情况下，要求培训制度化，形成关于数据录入、审核的书面文字材料。

分中心与台站之间，可以通过每年度的培训班，总结上一年度数据录入方面存在的问题，与台站之间进行充分的沟通、互动，发布推广数据录入方面的改进。培训班后，各台站要针对培训班的内容，对台站相关人员进行培训。

9.3.1.2 建立严格的审核制度

数据录入形成规范报表上报分中心之前，要求各台站建立审核机制，制定审核检查指标，设立审核人员，对录入人员的成果进行严格的审核。对审核过程中发现的问题进行确认、修正。

9.3.2 技术手段

台站观测数据录入过程中的质控，从技术手段上讲，主要是采用计算机手段，在录入形式、数据处理、数据校验等方面尽可能多地进行软件程序控制，减少人为错误，提高录入数据的准确性、完整性、一致性。

9.3.2.1 数据录入格式的规范化

目前水分监测数据主要以定制的 Excel 报表形式填写上报，如表 9-1 所示。

表 9-1 数据录入格式报表

实体数据报表类别	备注说明
全生态系统类型	
土壤水分含量表	C01，必选项
烘干法土壤水分含量表	C02，必选项
地表水地下水水质状况表	C03，必选项
地下水位记录表	C04，必选项
蒸散量表水量平衡法	C05，必选项
土壤水分常数表	C06，5 年上报 1 次
水面蒸发量表	C07，人工观测为必选项，自动观测为可选项
雨水水质表	C08，必选项
农田生态系统（A）	
灌溉量记录表	AC09，必选项
蒸散日报表大型蒸渗仪	AC10，必选项
土壤水水质状况表	AC11，必选项
水质分析方法信息表	AC12，必选项
森林生态系统（F）	
地表径流量表	FC09，必选项
树干径流量表	FC10，必选项
穿透降水量表	FC11，必选项
枯枝落叶含水量表	FC12，必选项
蒸散量日报表小气候装置	FC13，必选项
水质分析方法信息表	FC14，必选项
荒漠生态系统（D）	
灌溉量记录表	DC09，必选项
蒸散日报表大型蒸渗仪	DC10，必选项
土壤水水质状况表	DC11，必选项

实体数据报表类别	备注说明
草地生态系统（G）	
蒸散日报表大型蒸渗仪	GC09，必选项
沼泽生态系统（M）	
湿地积水水深表	MC09，必选项
灌溉量记录表	MC10，必选项
蒸散量日报表小气候装置	MC11，必选项
土壤水水质状况表	MC12，必选项

* 水体站未纳入该数据上报

** 城市站（U）正在逐步纳入规范化上报

Excel 报表相对规范而不失灵活，操作方便，但也正因为其灵活性，也会带来了很多的不规范的诱因。因此，有必要在此基础上，强化、增加软件在录入过程中的控制和校验，在保持灵活性的同时，进一步优化报表的录入，加强对报表模板的程序化控制，使录入后形成的报表更加规范，为后期分中心进行质控奠定良好的基础。

9.3.2.2 枚举字段的标准化

当字段的属性值只能取若干个的离散值时，例如一年只有 12 个月，一周只有 7 天，可以将该字段值域定义为枚举类型。

在水分观测数据录入过程中，有很多字段属性可以定义为枚举类型。例如台站样地编码，通常各台站样地数都是有限的，而且编码也是相对固定的，这时就可以将样地编码枚举化，在用户需要填写样地编码的地方采用下拉框选择的方式让用户选择，从而避免手工输入带来的错误，保证各处的编码的一致性。

再例如，样地植被类型，同样也可以做成枚举类型，用户在需要输入的地方，只要从中进行选取即可，不仅可以保证本站数据的一致性，同时也能在全国各台站之间保持一致性。

◆ 台站编码

台站代码按照 CERN 统一规范命名，由 3 位编码组成：

1～2 位	3 位
XX	X

其中前两位是根据台站名称简拼及冲突处理原则确定的字母，第三位则表示台站生态系统类型（如 A、F、D、G、M、U 等）。台站代码一经确定后，不再更改。

◆ 观测场编码

观测场代码由 7 位编码组成：

1～3 位	4～5 位	6～7 位
XXX	XX	XX

其中：

1～3 位：3 位字母，即台站代码；

4～5 位：2 位字母，表示观测场类型；

观测场分类	观测场分类码
气象观测场	QX
综合观测场	ZH
辅助观测场	FZ
站区调查点	ZQ
长期试验研究观测场	SY
短期试验研究观测场	YJ

6～7 位：2 位数字，观测场序号，不足 2 位前补 0。

◆　采样地编码

样地代码由 13 位编码组成：

1～7 位	8～10 位	11 位	12～13 位
×××××××	×××	_	××

其中：

1～7 位：观测场编码。

8～10 位：3 位字母，表示采样地分类代码；第 8 位，学科代码，对水环境观测来说，固定为 C，9/10 两位根据观测设施不同确定，参见下表。

设施分类名	设施分类代码
中子管、TDR 测管	CTS
烘干法采样点	CHG
地下水井	CDX
土壤水采样点	CTR
静止地表水采样点	CJB
流动地表水采样点	CLB
灌溉用地表水采样点	CGB
灌溉用地下水采样点	CGD
雨水采样器	CYS
土壤水采样点	CTR
E601 蒸发皿	CZF
蒸渗仪	CZS
天然径流场	CTJ
人工径流场	CRJ
土壤水采样点	CTR
树干径流采样点	CSJ
穿透降水采样点	CCJ
湿地积水采样点	CJS
枯枝落叶含水量采样点	CKZ

11 位：下划线。

12～13 位：2 位数字，表示观测场内样地的数字序号，不足 2 位前补 0。

◆　测管编码

中子仪测管编码长度是 16 位，是在 13 位采样地编码基础上增加 3 位编码构成的。

1～13 位	14 位	15～16 位
××××××××××××	—	××

其中：

1～13 位：采样地编码；

14 位：下划线；

15～16 位：2 位数字，表示该采样地内的测管序号，不足 2 位前补 0。

◆　水质采样点/采样器编码

同测管编码。

9.3.2.3　自动观测数据处理程序化

仪器自动观测产生的数据格式相对统一；但同时仪器产生的数据格式和报表形式之间也存在很大的差异，需要经过一定的处理才能转换为上报格式。在这种情况下，可以编写单独的软件模块对仪器产生的数据进行处理并转换为上报要求的格式，以避免手工操作的失误，同时也减轻录入人员的数据处理工作量，参见案例 9-3。

案例 9-3　土壤水分含量（中子仪法）观测数据自动处理软件

　　土壤水分含量（中子仪法）监测采用中子仪观测自动记录数据，观测频度较高，数据量相对较大；观测完成后还需要手工进行处理形成报表格式，过程比较繁琐。针对这种情况，水分分中心开发了一款用于 CNC 系列中子仪自动数据处理软件，可以将仪器记录的数据格式自动处理成上报要求的格式（包括报表格式和数据库格式），最大限度地避免了手工操作失误，减轻了录入人员的工作量。

　　该软件已与 2010 年 10 月在有条件的台站推广实施，取得了良好的效果。

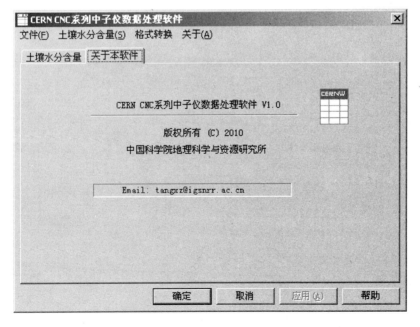

CNC 系列中子仪数据自动处理软件，作为 CERN 水分监测数据质量控制前段工具之一，具备下列特点：

（1）针对 CNC 系列中子仪记录的原始数据格式，自动处理生成要求上报的规范的报表格式和数据库格式的 Excel 文件。

（2）软件采用"一次配置"策略，能够自动将仪器记录的样地、中子管与标准样地、中子管代码进行映射。用户在首次使用软件配置好植被类型、样地/中子管映射、深度对照表、仪器校正系数后，在配置不发生更改的情况下（通常很少），直接进行数据处理即可。

（3）样地植被类型自动记忆。在用户选定样地植被类型后，程序自动记忆植被类型，直至其植被类型发生改变。

（4）软件能够对仪器记录的原始数据格式进行校验。由于仪器原始记录的数据为文本格式，在打开的时候很容易人为地被改变，软件自动对记录文件进行格式校验，发现错误提示用户，为用户指示出错的类型和行号。

基本信息配置界面

样地/中子管/深度对照表配置界面

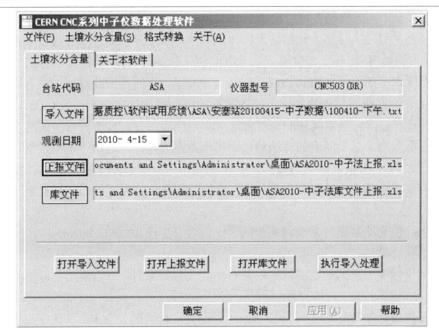

数据处理界面

关于软件的详细说明参见相关手册；后期，水分分中心将在可能的情况下，增加更多型号中子仪的数据处理功能，并加入异常数据自动校验功能。

9.3.2.4 数据校验自动化

利用软件程序控制，在用户录入数据的同时，对数据进行简单的校验，如阈值检验、统计检验等，对录入过程中的异常数据进行标注并提示用户；一方面减少用户手误，另一方面也能使用户及时发现异常数据背后的深层原因，如设备异常等。

数据校验自动化，除了发现简单的格式、编码等错误外，主要用来对异常数据进行检验、标示。

◆ 简单阈值检验

针对水环境观测指标，以专家先验知识为基础，基于 CERN 水环境指标多年来的观测数据，在排除错误数据的情况下，针对不同生态系统类型，不同地域条件差异，统计各观测指标的阈值区间。根据阈值区间，对今后观测数据进行阈值检验，对阈值区间之外的数据做警告提示处理，以做进一步的排查确认。

设一监测指标的阈值区间为 $[\varepsilon_{\min}, \varepsilon_{\max}]$，则位于该区间内的观测值为正常值：

$$\varepsilon_{\min} \leqslant \varepsilon \leqslant \varepsilon_{\max}$$

而位于阈值区间之外的观测值则可能存在问题，需要进一步排查确认。

不同的观测指标其阈值区间的类型也不同，需要根据具体观测指标的物理意义来确定。

◆ 异常值检测

异常值检测是数据挖掘领域中的一个重要内容。"异常是指在数据集中与众不同的数据，使人怀疑这些数据并非随机偏差，而是产生于完全不同的机制"。对水环境观测数据来说这种"完全不同的机制"可能来源于用户录入数据时的拼写错误，或者是仪器故障等。

异常值检测算法有很多，包括基于统计的方法（如基于正态分布的 Nair 检验、Grubbs 检验、Dixon 检验等）、基于密度的方法（LOF 因子检测等）、基于距离的方法（K-近邻检测等）和基于深度的方法（Ruts-Rousseeuw 算法）等。不同类型的检测方法各有优势和不足。基于统计的方法需要先验知识，明确数据的统计特征（如分布函数、统计量等），限制了其应用范围；同时基于统计的检测方法对观测样本中存在多个异常值的情况会出现屏蔽效应和吞噬效应。基于深度的算法适用于多维数据的检测，但由于多维数据凸闭包的计算效率，使之对超过 4 维以上的数据进行检测是不可行的。基于距离的算法相对比较直观，也不需要先验知识。基于密度的 LOF 检测方法其优势在于可以同时检测全局和局部异常值。

关于水环境观测数据异常检测部分的详细内容参见第 10 章相关部分。

♦　关联检验

对观测指标中一系列的监测值之间某种相互关联关系时，可以采用关联检验对数据进行校核。

设定观测指标序列 λ_i（$i=1$，$\cdots$，n）之间存在某种关联关系 F，从数学上表达为：

$$f = F(\lambda_1, \lambda_2, \cdots, \lambda_n)$$

当观测值序列不满足上述条件时，说明观测数据存在问题。

关于关联检验，水质分析数据检验中常见的有阴阳离子平衡法等，详细内容参见第 11 章相关部分。

9.4　数据库规范化设计与管理

水环境观测数据管理应服务于长期观测数据和短期研究数据，长期生态学观测数据的不可重复性，使得长期观测数据尤为宝贵。

9.4.1　数据库设计

水环境观测数据包括元数据、时间序列直接观测数据、专题衍生数据等，具有多层次、长时间序列的显著特点，覆盖地域广，数据采集原理、方式多样化，具备广泛的科学研究应用方向。水环境观测数据库，作为长期生态学监测数据库的一个组成部分，在数据库设计建库过程中需要遵循一些基本原则。

数据质量原则。在数据库的设计建库过程中不仅要涵盖水环境观测的各类数据，同时还要依据质控控制规范，充分体现数据质量的保证与控制。

可扩展性原则。水环境长期监测数据指标不是一成不变的，随着研究的深入、技术的进步，观测的指标体系也会相应的调整。在数据库设计时需要考虑有限未来的潜在扩展。

统一性原则。在总中心—分中心—台站三个层面上，保持数据库的一致性和兼容性。

规范化原则。不仅要遵守数据库设计相关国家、行业规范，同时也要遵从长期生态学观测元数据规范、数据库建库规范。

9.4.2 观测数据入库质量控制

台站经过数据采集、填报、审核之后，数据汇交至分中心入库。在入库之前，分中心需要对数据进行严格的检查、审核，以确保入库数据的准确性、一致性和完整性。

数据检查、审核的方法包括计算机辅助人工检查和基于规则的计算机自动检查。计算机辅助人工检查主要是采用计算机可视化展现数据，人工发现异常数据；基于规则的计算机自动检验主要是以水环境观测数据逻辑规则和专家知识库为基础，由计算机程序自动发现数据异常。分中心发现数据异常问题后，与台站进行充分沟通、详细分析，对数据进行订正。

9.4.3 数据库安全管理

针对水环境观测数据库的运行特点以及长期生态学观测数据的特性，需要从以下几个方面来考虑数据库安全管理策略。

（1）数据安全，指数据本身的安全性。根据数据自身重要性、是否为敏感信息等，区分对待不同的数据。根据数据的重要程度，授权对数据的访问级别；对涉及敏感的信息，采取加密的方式进行存储、传输。

（2）访问控制。访问控制是数据库基本安全性的核心，包括账号管理、密码策略、权限控制、用户认证等方面，主要是从与账号相关的方面来维护数据库的安全性。访问控制策略通常有避免账号被列举、最小化权限原则、最高权限最小化原则、账号密码安全原则、用户认证安全性、详尽的访问审核、数据库文件安全控制等。

（3）数据备份。定期地进行数据备份是减少数据损失的有效手段，是数据库安全策略的一个重要部分。根据水环境观测数据库集中批量更新特点，采取定期备份和异地备份策略。定期备份的周期可根据更新周期灵活掌握，在定期备份的同时，备份文件采用本地和异地同时存储策略，以防止灾毁发生。

第三篇
数据检验与评估

10 水文观测数据检验方法

CERN 长期观测数据的检验就是针对原始数据，从数据的完整性、准确性、一致性等方面是否满足 CERN 监测规范的需要。

根据制定的 CERN 数据质量要素与评价指标体系，考虑水环境长期观测数据的特点，目前对水环境长期观测数据的检验主要从数据的完整性、准确性和一致性这三个方面来实施数据检验。

水环境长期观测数据中，水文数据和水质数据的特点差异明显，在考虑检验方法时，分章节分别说明，本章说明水文数据检验方法，下一章说明水质数据检验方法。

10.1 水文数据完整性检验

水文数据的完整性体现在台站水文监测是否按照 CERN 规范的要求，依据规定的频率、观测样地和观测时间进行的观测，是否按照规范的要求记录下所有与数据相关的元数据信息。水文数据的完整性检验主要从三个方面实施。

10.1.1 数据观测频率和时间跨度检查

CERN 长期观测规范根据指标的变化规律确定了所有 CERN 水环境长期观测指标的观测频率，并根据台站的特点做了数据观测的时间跨度的要求。这是体现数据完整性的第一步。

水文数据的观测频率和时间跨度基本要求见表 10-1。

10.1.2 数据缺失检查

水文数据的缺失检查主要针对数据的观测样地的缺失、数据内容的缺失以及数据观测时段缺失的检查。

观测样地的缺失：不同的水文数据，要求的观测样地数量不一样，根据 CERN 长期观测规范的要求，检查不同观测指标是否在要求的观测样地之上进行观测和提供数据，CERN 规范要求的样地数量一般是最低数量要求，检查过程中数据必须达到最低样地数量要求才视为完整。各个水文数据指标的观测样地数据见表 10-1。

数据内容缺失：一项监测指标可能同时包括一到多项数据内容，这些数据内容必须完整，不能缺项。各个水文数据指标的数据内容要求见表 10-1。

数据观测时段的缺失：在观测期间，因各种原因导致某一或某些时段的数据缺失，极大地影响了数据的完整性。根据 CERN 长期观测规范对监测指标的观测频率的要求，在年度观测时段范围内，判断数据的观测时段缺失情况，并加以标注。

表 10-1　CERN 水文监测指标的数据完整性要求

完整性指标	频度与时段	观测场地数量	观测内容	元数据信息
土壤含水量	5~15 d 一次，根据台站特点确定具体观测频次	至少 3 个样地	不同深度土壤体积含水量，深度和层次根据台站土壤和植物根系特征确定	样地植被和土壤信息，观测方法信息，样地管理方式信息，天气信息等
土壤水分特征参数	农田样地 5 年一次，自然样地 10 年一次	至少 1 个样地	土壤饱和含水量、田间持水量、容重、孔隙度、土壤水分特征曲线	
地下水位	1~10 d 一次，可以增加观测频率	至少 2 个观测井	地下水埋深	
地表蒸发	频率与土壤含水量相同	1~3 个样地	平均日蒸散量，土壤水储量，降水量，灌溉量	
水面蒸发	每天观测，封冻期停测	1 个水面蒸发皿	日水面蒸发，水温	
地表径流	每天观测，或有径流产生就观测	至少 1 个观测样地	地表径流量	
森林冠层水循环	穿透降水和树干径流在发生时观测，枯枝落叶层含水量 5~10 d 一次	至少一个观测样地	穿透降水量，树干径流量，枯枝落叶层含水量	
沼泽积水水深	1~10 d 一次，可以增加观测频率	至少 2 个样地	积水水深	

10.1.3　元数据完整性检查

元数据信息是数据完整性的重要方面。这里定义元数据为所有与数据相关的背景数据。这些背景数据包括 CERN 数据规范要求中统一要求的各类数据，也包括水环境数据要求的特殊的数据内容，部分元数据信息内容在本书中有说明，其余元数据内容参考 CERN 元数据规范的说明。

10.2　水文数据准确性检验

水文数据的准确性检验是根据水文数据的特点，判断其合理性。由于水文数据多样，每个数据项，或者每个监测指标，其变化特征不一，变化范围不一，对水文数据的准确性判断方法就存在差异，根据水文数据的特点，检验和判断水分数据准确性的方法大致有：阈值法，过程趋势法，比对法，统计法等，有关方法的详细说明见下面各节，这里先给出不同的水文观测指标所采用的准确性检验方法列表。

表 10-2　CERN 水文数据采用的数据检验方法

检验方法	阈值法	过程趋势法	比对法	统计法
土壤含水量	√	√	√	√
土壤水分特征参数	—	—	√	√
地下水位	—	—	—	√
地表蒸发	√	√	√	√
水面蒸发	√	√	√	√
地表径流	√	—	—	√
森林冠层水循环	—	—	√	√
沼泽积水水深	√	√	√	√

10.2.1　阈值法

阈值法根据数据的理论阈值，判断数据的合理性。这是一种通常的数据准确性检查的方法，其简单方便，易于计算机自动化处理，缺点是数据在阈值内的错误无法判断，一个补救的手段是结合数据的统计方法，根据数据的分布区间概率判断数据的合理性。统计方法详细见 10.2.4。

在主要的水文监测指标中，土壤含水量数据是有明确的理论阈值范围，在 0～1 之间，或者以百分数表示在 0～100% 之间，但是在大部分情况下，土壤含水量的数据应该在凋萎系数到田间持水量之间，凋萎系数与田间持水量根据不同台站土壤特征而不同。

其他主要数据，如地表径流、水面蒸发、地表蒸发、地下水位等，则主要与不同位置的数据本身的变化幅度有关，不能给出绝对的阈值范围。在使用人工判读水文数据合理性时，大多根据经验，参考历年数据变化规律，来大致判断数据的合理范围。目前采用的几个基本的判断依据是：

地表蒸发和水面蒸发的日蒸发量阈值范围：一般在 0～15mm 范围内，超出这一范围的数据就需要辅助其他方法判断其合理性。另外一类判断依据是计算观测区域的潜在蒸散量，作为蒸发最大值的阈值。

地表径流量：年的总的地表径流量一般小于年的总降水量，由于地下水补给和外来水的进入等特殊情况除外。

10.2.2　过程趋势法

过程趋势法是根据数据随时间或空间的理论变化趋势，分析数据是否符合合理的变化趋势，从而判断数据的合理性。在使用过程趋势法检查水文数据合理性时，主要是针对土壤含水量数据、蒸发数据（包括地表蒸发数据和水面蒸发数据）两类。

（1）土壤含水量数据的基本趋势

①表层含水量随时间变化大，深层含水量随时间变化小；

②含水量随深度一般逐渐发生变化，但当土壤质地明显变化时，也有含水量的突变层；

③除非发生明显的降水和灌溉事件，含水量随时间的变化是渐进的，而且一般越来越少；

④一般情况下，土壤含水量随深度逐渐加大，但这类规律需要根据台站历年数据来归纳，不能在所有台站数据中统一执行该标准。

图 10-1 是一个典型的土壤水分含量在时空上的变化特征（安塞站），基本体现了上述

4 个方面的变化趋势特征。

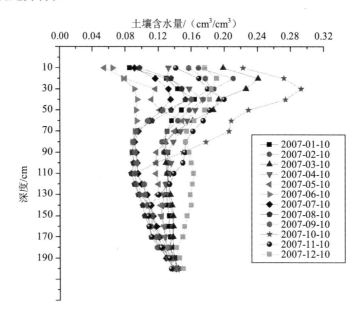

图 10-1　一个典型的土壤含水量时空变化特征（安塞站，2007）

（2）蒸发数据的基本趋势

①季节变化趋势：根据我国雨热同季的特点，一般地，地表蒸发和水面蒸发季节变化趋势呈现春、冬季低，夏、秋季高；

②日变化趋势：蒸发数据的日变化趋势受到气象要素、水文要素和植物要素的影响，没有明确规律的变化趋势；

③地表蒸发数据通过水量平衡法计算获得，由于水量平衡各分量的观测误差，以及系统的水循环过程不封闭，水量平衡计算存在很大误差，数据准确性很难判断，一般主要是通过数据趋势和阈值范围来判断大致的数据合理性程度。

图 10-2 揭示了蒸发数据的合理趋势数据和不合理趋势数据。

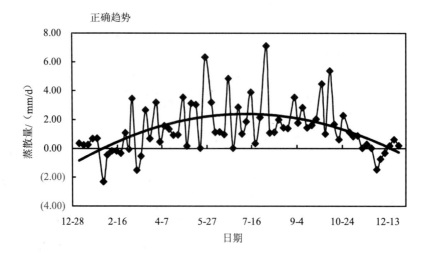

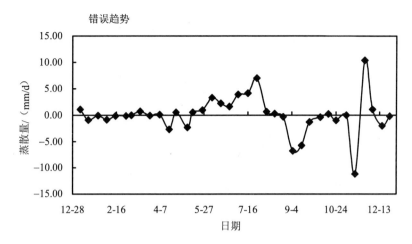

图 10-2　地表蒸发的正确趋势和错误趋势示意图

10.2.3　比对法

比对法即对不同数据进行比对，以判断数据的合理性。根据比对数据的不同，比对法可以有以下三种途径：

（1）不同观测方法数据的比对

选择一个标准方法，或者参考方法，比较这种方法与 CERN 监测数据所使用的观测方法获得的数据的差异，从而判断 CERN 监测数据的合理性。

在 CERN 水文数据中，土壤水分数据的合理性判断主要是通过将中子仪（或其他观测仪器）的数据与同一天同一样地的烘干法数据进行比较为依据。在比较过程中，需先将烘干法获得的质量含水量换算成体积含水量，然后判断中子仪或其他仪器观测数据的合理性，判断依据是：

$$\theta_v = \rho_b \theta_g$$

式中，θ_v 为仪器观测的体积含水量；θ_g 为烘干法获得的质量含水量；ρ_b 为土壤容重。

由于采样和分析误差，以及土壤含水量的空间变异性等原因，仪器观测的土壤含水量不可能与烘干法获得的含水量绝对相等，可以允许有一个 10%～20%的误差范围，但二者在空间上的变化趋势应该保持一致。

图 10-3 是一个由方法比对判断数据有误的例子。这是一个土壤含水量数据中子仪观测数据与烘干法观测数据的比较。

在图 10-3 中，显然在表层 0～40cm 范围的中子仪观测数据出现了明显的偏大趋势，属于不合理数据，说明中子仪在表层的观测数据有问题，可能的原因就是中子仪的标定方程有问题。

CERN 水文监测数据中，水面蒸发由于分别采用了自动观测和人工观测同时进行，因此也可以采用方法比对分析数据的合理性。

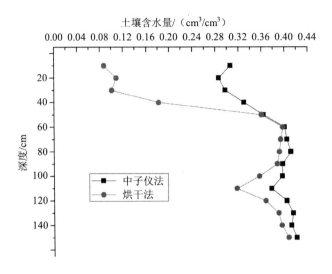

图 10-3　中子仪法与烘干法数据比对

（2）不同观测时间的数据比对

不同观测时间的数据比对，是将一年观测时间段内全时间序列的数据进行比较，查出明显反常的异常数据或数据系列，将其判断为不合理数据。这类判断方法只能通过画图的方式，基于专家知识进行人工判读，不能采用计算机自动判读的方法。

图 10-4 给出了一个这类数据比对的例子。

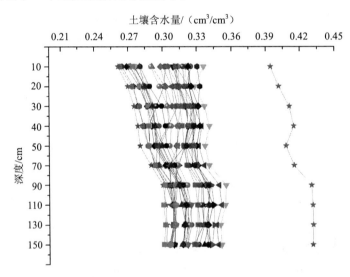

图 10-4　不同观测时间数据的比对

在图 10-4 中，有一次的观测数据序列，明显偏离其他数据序列的变化范围，在这个例子中，全年的土壤含水量在 25%～35% 之间变化，突然有一天的数据在 40%～45% 之间，这一数据系列没有其他类似的数据系列佐证，因此可以判断属于观测过程中的错误，属于不合理数据，应予以剔除。

（3）变化趋势比对

通过分析数据的变化趋势也能判断异常值，就是分析数据在时间和空间上的变化趋势，在数据系列中，有明显违反趋势的单个数据，一般可以认为属于异常值。这一方法主要用于数据系列中的单个异常数据判断，不能用于完整数据系列的合理性判断，如土壤含水量全剖面不同层次数据的整体判断。

图 10-5 是一个土壤含水量数据中明显违反数据变化趋势的异常数据点的例子。在这个例子中，部分层次的土壤含水量值明显不符合土壤含水量的规律，可以判断为异常数据。

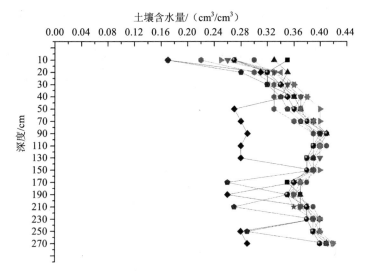

图 10-5　基于数据间的变化趋势比对判断单个异常数据

10.2.4　统计法

上述三类方法基本是基于专家知识的人工判读方法，在信息化技术发展的今天，借助计算机辅助数据检验是一个必然的发展方向。

统计法主要是通过统计算法来判断异常值，从而将异常值剔除。这类方法通过一定的数学规则进行判断，易于在计算机上实现自动判别。但由于生态监测数据的多样性和突变性，由统计程序判别出的异常数据应该谨慎对待，通过回查和专家判断，然后再做处理。通过统计法应该针对一个观测样地的数据，不能将不同观测样地的数据放在一个数据系列中进行统计评判。

下面给出统计方法判断异常数据的主要方法和算法。

10.2.4.1　异常数据的判别准则

通过统计算法对异常数据的判别应遵循以下准则：

（1）统计量的计算值不大于显著性水平 $\alpha=0.05$ 时的临界值，则可疑数据为正常数据，应予以保留；

（2）统计量的计算值大于显著性水平 $\alpha=0.05$ 时的临界值，但又不大于显著性水平 $\alpha=0.01$ 时的临界值，此可疑数据为偏离数据，予以保留，取中位数值代替平均数值；

（3）统计量的计算值大于显著性水平 $\alpha=0.01$ 时的临界值，此可疑值为异常值，应予以剔除，并对剩余数据继续检验，直到数据中无异常值为止。

10.2.4.2 异常值的统计检验方法

（1）Dixon 检验法

该方法一般是用于一组测定数据的一致性检验和异常值检验，步骤如下：

①将重复 n 次的测定值从小到大排列为 X_1，X_2，X_3，$\cdots$，X_n；

②按表 10-3 所列公式，求算 Q 值；

③根据选定的显著性水平和数据系列个数 n，依据表 10-4 查找临界值 $Q_{0.01}$；

④依据 10.2.4.1 的判别准则，当 $Q > Q_{0.01}$ 时，则可疑值为异常值，舍弃。

表 10-3 Dixon 检验统计量（Q）计算公式

n 值范围	可疑值为最小值 X_1	可疑值为最大值 X_n
3~7	$Q_{10} = \dfrac{X_2 - X_1}{X_n - X_1}$	$Q_{10} = \dfrac{X_n - X_{n-1}}{X_n - X_1}$
8~10	$Q_{11} = \dfrac{X_2 - X_1}{X_{n-1} - X_1}$	$Q_{11} = \dfrac{X_n - X_{n-1}}{X_n - X_2}$
11~13	$Q_{21} = \dfrac{X_3 - X_1}{X_{n-1} - X_1}$	$Q_{21} = \dfrac{X_n - X_{n-2}}{X_n - X_2}$
14~25	$Q_{22} = \dfrac{X_3 - X_1}{X_{n-2} - X_1}$	$Q_{22} = \dfrac{X_n - X_{n-2}}{X_n - X_3}$

表 10-4 Dixon 检验临界值（Q_0）

n	显著性水平（α）			n	显著性水平（α）		
	0.10	0.05	0.01		0.10	0.05	0.01
3	0.886	0.941	0.988	15	0.472	0.525	0.616
4	0.679	0.765	0.899	16	0.454	0.507	0.595
5	0.557	0.642	0.780	17	0.438	0.490	0.577
6	0.482	0.560	0.698	18	0.424	0.475	0.561
7	0.434	0.507	0.637	19	0.412	0.462	0.547
8	0.479	0.554	0.683	20	0.401	0.450	0.535
9	0.441	0.512	0.635	21	0.391	0.440	0.524
10	0.409	0.477	0.597	22	0.382	0.430	0.514
11	0.517	0.576	0.679	23	0.374	0.421	0.505
12	0.490	0.546	0.642	24	0.367	0.413	0.497
13	0.467	0.521	0.615	25	0.360	0.406	0.489
14	0.492	0.546	0.641				

示例：一组测定值按大小排序为 14.56，14.90，14.90，14.92，14.95，14.96，15.00，15.00，15.01，15.02。检验最小值 14.56 是否为异常值。

根据表 10-3 公式，计算统计量 Q

$$Q_{11} = \frac{X_2 - X_1}{X_{n-1} - X_1} = \frac{14.90 - 14.56}{15.01 - 14.56} = 0.755$$

当 $n = 10$ 时，查表 10-4，显著性水平 0.01 下临界值为 0.597，因此 $Q > Q_{0.01}$，根据判断准则，14.56 为异常值。

（2）Grubbs 检验法

Grubbs 检验法用于多组测定均值的一致性检验和提出离群值检验，也可以用于一个测定序列的单个数据的一致性检验。计算步骤如下：

①设有 L 组数据，各组数据的平均值分别为 $\overline{X_1}$，$\overline{X_2}$，…，$\overline{X_L}$。

②将 L 个均值按大小排列，最大均值为 $\overline{X}_{max}$，最小均值为 $\overline{X}_{min}$。

③计算 L 个均值的总均值 $\overline{X}$ 和标准偏差 S：

$$\overline{X} = \frac{\sum_{i=1}^{L} \overline{X_i}}{L}$$

$$S = \sqrt{\frac{\sum_{i=1}^{L} \left(\overline{X_i} - \overline{X}\right)^2}{L-1}}$$

④可疑值 $\overline{X}_{max}$，$\overline{X}_{min}$ 分别按照下式计算统计量 t_1 和 t_2：

$$t_1 = \frac{\overline{X}_{max} - \overline{X}}{S}$$

$$t_2 = \frac{\overline{X} - \overline{X}_{max}}{S}$$

⑤根据给定的显著性水平 α 和组数 L，查表 10-5 获得临界值 t_0。

⑥依据 10.2.4.1 的异常值判别准则决定取舍。

⑦若本检验方法用于一组数据的检验时，将组数 L 改为测定次数 n，将组平均数 $\overline{X_i}$ 改为单次测定值 X_i。

表 10-5　Grubbs 检验临界值（t_0）

L	显著性水平（α）				L	显著性水平（α）			
	0.05	0.025	0.01	0.005		0.05	0.025	0.01	0.005
3	1.153	1.155	1.155	1.155	14	2.371	2.507	2.659	2.755
4	1.463	1.481	1.492	1.496	15	2.409	2.549	2.705	2.806
5	1.672	1.715	1.749	1.764	16	2.443	2.585	2.747	2.852
6	1.822	1.887	1.944	1.973	17	2.475	2.620	2.785	2.895
7	1.938	2.021	2.097	2.139	18	2.504	2.651	2.821	2.932
8	2.032	2.126	2.221	2.274	19	2.532	2.681	2.864	2.968
9	2.110	2.215	2.323	2.387	20	2.557	2.709	2.881	3.001
10	2.176	2.290	2.410	2.482	21	2.580	2.738	2.912	3.031
11	2.234	2.355	2.485	2.564	22	2.603	2.758	2.939	3.060
12	2.285	2.412	2.550	2.636	23	2.624	2.781	2.963	3.087
13	2.331	2.462	2.607	2.699	24	2.644	2.782	2.987	3.112

	显著性水平（α）					显著性水平（α）			
L	0.05	0.025	0.01	0.005	L	0.05	0.025	0.01	0.005
25	2.663	2.822	3.009	3.135	41	2.877	3.046	3.251	3.393
26	2.681	2.841	3.029	3.157	42	2.887	3.057	3.261	3.404
27	2.698	2.859	3.049	3.178	43	2.890	3.067	3.271	3.415
28	2.714	2.876	3.068	3.199	44	2.905	3.078	3.282	3.425
29	2.730	2.893	3.085	3.218	45	2.914	3.085	3.292	3.435
30	2.745	2.908	3.103	3.236	46	2.923	3.094	3.302	3.445
31	2.759	2.924	3.119	3.253	47	2.931	3.103	3.310	3.455
32	2.773	2.938	3.135	3.270	48	2.940	3.111	3.319	3.464
33	2.786	2.952	3.150	3.286	49	2.948	3.120	3.329	3.470
34	2.799	2.965	3.164	3.301	50	2.956	3.128	3.336	3.483
35	2.811	2.979	3.178	3.316	60	3.025	3.199	3.411	3.560
36	2.823	2.991	3.191	3.330	70	3.082	3.257	3.471	3.622
37	2.835	3.003	3.204	3.343	80	3.130	3.305	3.521	3.673
38	2.846	3.014	3.216	3.356	90	3.171	3.347	3.563	3.716
39	2.857	3.025	3.228	3.369	100	3.207	3.383	3.600	3.754
40	2.866	3.036	3.240	3.381					

（3）Cochran 最大方差检验法

Cochran 最大方差检验法用于检验多组测定数据的方差一致性，以及剔除离群方差检验。具体步骤如下：

① 设有 L 组数据，每组数据测定 n 次，每组标准差分别为 S_1，S_2，…，S_L。

② 将 L 个标准差（S_i）按大小顺序排列，最大的标准差记为 S_{max}。

③ 按照下式计算统计量 C：

$$C = \frac{S_{max}^2}{\sum_{i=1}^{L} S_i^2}$$

若 $n=2$，即每组只有 2 次测定，各组内差值分别为 R_1，R_2，…，R_L，则按下式计算统计量 C：

$$C = \frac{R_{max}^2}{\sum_{i=1}^{L} R_i^2}$$

④ 根据选定的显著水平 α，组数 L 和测定次数 n，查表 10-6 获得临界值 C_0。

⑤ 依据 10.2.4.1 的异常值判别准则，决定取舍。

表 10-6 Cochran 最大方差检验临界值（C_0）

L	$n = 2$		$n = 3$		$n = 4$		$n = 5$		$n = 6$	
	α=0.01	α=0.05	α=0.01	α=0.05	α=0.01	α=0.05	α=0.01	α=0.05	α=0.01	α=0.05
2			0.995	0.975	0.979	0.939	0.959	0.906	0.937	0.877
3	0.993	0.967	0.942	0.871	0.883	0.798	0.834	0.746	0.793	0.707
4	0.968	0.906	0.864	0.768	0.781	0.684	0.721	0.629	0.676	0.590

L	$n=2$		$n=3$		$n=4$		$n=5$		$n=6$	
	$\alpha=0.01$	$\alpha=0.05$	$\alpha=0.01$	$\alpha=0.05$	$\alpha=0.01$	$\alpha=0.05$	$\alpha=0.01$	$\alpha=0.05$	$\alpha=0.01$	$\alpha=0.05$
5	0.928	0.841	0.788	0.684	0.696	0.598	0.633	0.544	0.588	0.506
6	0.883	0.781	0.722	0.616	0.626	0.532	0.564	0.480	0.520	0.445
7	0.838	0.727	0.664	0.561	0.568	0.480	0.508	0.431	0.466	0.397
8	0.794	0.680	0.615	0.516	0.521	0.438	0.463	0.391	0.423	0.360
9	0.754	0.638	0.573	0.478	0.481	0.403	0.425	0.358	0.387	0.329
10	0.718	0.602	0.536	0.445	0.447	0.373	0.393	0.331	0.357	0.303
11	0.684	0.570	0.504	0.417	0.418	0.348	0.366	0.308	0.332	0.281
12	0.653	0.541	0.475	0.392	0.392	0.326	0.343	0.288	0.310	0.262
13	0.624	0.515	0.450	0.371	0.369	0.307	0.322	0.271	0.291	0.246
14	0.599	0.492	0.427	0.352	0.349	0.291	0.304	0.255	0.274	0.232
15	0.575	0.471	0.407	0.335	0.332	0.276	0.288	0.242	0.259	0.220
16	0.553	0.452	0.388	0.319	0.316	0.262	0.274	0.230	0.246	0.208
17	0.532	0.434	0.372	0.305	0.301	0.250	0.261	0.219	0.234	0.198
18	0.514	0.418	0.356	0.293	0.288	0.240	0.249	0.209	0.223	0.189
19	0.496	0.403	0.343	0.281	0.276	0.230	0.238	0.200	0.214	0.181
20	0.480	0.389	0.330	0.270	0.265	0.220	0.229	0.192	0.205	0.174
21	0.465	0.377	0.318	0.261	0.255	0.212	0.220	0.185	0.197	0.167
22	0.450	0.365	0.307	0.252	0.246	0.204	0.212	0.178	0.189	0.160
23	0.437	0.354	0.297	0.243	0.238	0.197	0.204	0.172	0.182	0.155
24	0.425	0.343	0.287	0.235	0.230	0.191	0.197	0.166	0.176	0.149
25	0.413	0.334	0.278	0.228	0.222	0.185	0.190	0.160	0.170	0.144
26	0.402	0.325	0.270	0.221	0.215	0.179	0.184	0.155	0.164	0.140
27	0.391	0.316	0.262	0.215	0.209	0.173	0.179	0.150	0.159	0.135
28	0.382	0.308	0.255	0.209	0.202	0.168	0.173	0.146	0.154	0.131
29	0.372	0.300	0.248	0.203	0.196	0.164	0.168	0.142	0.150	0.127
30	0.363	0.293	0.241	0.198	0.191	0.159	0.164	0.138	0.145	0.124
31	0.355	0.286	0.235	0.193	0.186	0.155	0.159	0.134	0.141	0.120
32	0.347	0.280	0.229	0.188	0.181	0.151	0.155	0.131	0.138	0.117
33	0.339	0.273	0.224	0.184	0.177	0.147	0.151	0.127	0.134	0.114
34	0.332	0.267	0.218	0.179	0.172	0.144	0.147	0.124	0.131	0.111
35	0.325	0.262	0.213	0.175	0.168	0.140	0.144	0.121	0.127	0.108
36	0.318	0.256	0.208	0.172	0.165	0.137	0.140	0.118	0.124	0.106
37	0.312	0.251	0.204	0.168	0.161	0.134	0.137	0.116	0.121	0.103
38	0.306	0.246	0.200	0.164	0.157	0.131	0.134	0.113	0.119	0.101
39	0.300	0.242	0.196	0.161	0.154	0.129	0.131	0.111	0.116	0.099
40	0.294	0.237	0.192	0.158	0.151	0.128	0.128	0.108	0.114	0.097

10.3 水文数据一致性检验

　　数据的一致性又称数据的时间一致性，是前后不同时间的观测数据，在观测场地、观测方法、数据单位等方面要保持一致和连续，确保数据的可用性。

10.3.1 场地一致性

场地一致性要求不同时间段的长期观测数据都应该保持在同一块样地进行观测。某项数据出自同一块场地是长期监测的基本要求。

对场地一致性的检验，主要是对数据观测样地的代码、经纬度、场地名称等内容进行检查，要求场地代码一致，场地名称一致，经纬度一致。

对于观测场地变更的数据，一定要使用新的样地代码，并赋予新的样地名称。

表 10-7 给出了不同水文指标的场地的主要形式，台站应根据这种形式完成对场地一致性的规范设置和管理。

表 10-7　水文数据一致性检查的具体要求和方法

观测指标	场地一致性	方法一致性	单位一致性
土壤含水量	综合观测场；气象观测场；辅助观测场	中子仪法；烘干法；TDR方法；FDR方法	体积含水量：%（体积分数）；cm^3/cm^3
土壤水分特征参数	综合观测场	容重：环刀法；水分特征曲线：压力膜仪法	容重：g/cm^3；水分参数：cm^3/cm^3
地下水位	综合观测场；气象观测场	人工观测；自动观测	地下水埋深：m
地表蒸发	综合观测场	水量平衡法；蒸渗仪法	mm/d
水面蒸发	气象站	E601蒸发皿	mm/d；mm/h
地表径流	天然径流场；人工径流小区	测流堰法；集流槽法	mm/h；mm/d
森林冠层水循环	森林穿透降水、树干径流观测样地	雨量桶或雨水收集槽法；枯枝落叶层含水量用烘干法	穿透降水和树干径流：mm/d；mm/h；枯枝落叶层含水量：%（质量分数）；g/g
沼泽积水水深	永久性积水水深观测样地；季节性积水水深观测样地	水尺法	水深：cm；高程：m

10.3.2 观测方法一致性

观测方法的一致性要求水文数据的观测方法在不同时间段是一样的，使得数据具有可比性。

观测方法的一致性检查主要检查数据的具体观测方法、观测人员以及原始记录表的情况和操作流程等。

对于观测方法发生变更的数据，需要在数据中明确说明，并对新的观测方法的具体背景信息，包括仪器型号及其生产厂家、设施特征、观测流程等进行详细说明。

表 10-7 给出了 CERN 当前在水文数据监测中用到的主要观测方法。

10.3.3 数据单位一致性

数据单位的一致性要求上报的数据具有相同的单位和相同的精度表达，并符合 CERN 数据规范的统一要求。

数据单位的一致性检查内容主要包括检查数据单位是否一致，检查数据的小数位精度是否一致等。

11　水质观测数据检验方法

11.1　水质数据完整性检验

数据完整性检验包括监测项目及频率、观测场地信息、观测和分析方法信息以及质控信息等。

11.1.1　监测项目和频率

《陆地生态系统水环境观测规范》分别列出了农田生态系统、森林生态系统、草地生态系统、荒漠生态系统以及沼泽生态系统水质监测的指标以及频度。要求各台站按照规范要求，对各项目完成相应频率的监测及分析。

案例 11-1　2007 年 CERN 水质监测频率

CERN 水分分中心对 2007 年各生态站水化学监测指标及其监测频率进行了综合分析（见图 11-1）。表 11-1 为 2007 年各野外台站水化学监测指标及其监测频率。31 个台站均对降水进行了监测，监测频率达到 4 次的站达到 24 个，监测频率 4 次以下的有 6 个站。每月监测的台站有 4 个（ASA，CSA，SYA，NMG）。31 个站中，29 个站均监测了流动地表水和地下水两项指标，并且全部达到监测频率要求（2 次），4 个站（ASA、CSA、FQA、HSF）进行了每月监测。31 个站中，有 18 个站监测了静止地表水，CSA 站进行了每月监测。在 19 个农业和荒漠生态站中，有 12 个站进行了灌溉水监测，CSA 进行了每月监测。有 6 个台站对土壤溶液化学组分进行了监测（CWA，FQA，YCA，YGA，YTA，ESD）。

总体来看，各台站基本上完成了要求监测指标并达到了监测频率，部分台站对静止地表水和灌溉水进行了监测，并且部分台站（如 CSA，ASA，FQA，YGA，HSF），增加水化学指标监测频率，对研究面源污染、水体富营养化、酸雨、湿沉降、盐碱地改良等科学问题具有重要意义。

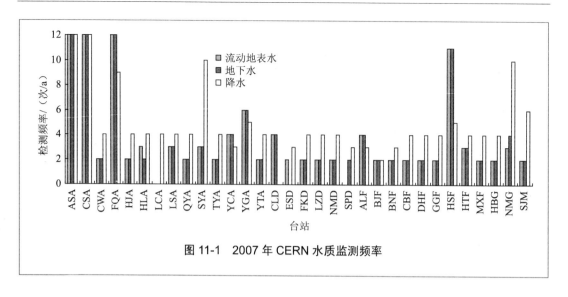

图 11-1　2007 年 CERN 水质监测频率

11.1.2　观测场地信息

观测场地信息是水环境观测中非常重要的基础信息，所有水环境观测数据都是一定位置的观测，而所在位置又都含有一定的目的和意义，这些对于数据的使用是必不可少的。对于水环境（包括水文过程和水化学过程）的观测，所需要的场地信息大致可以分为以下几类：

（1）台站信息

台站是指观测场地所属台站，台站信息包括台站名、行政区域、年平均温度、年降水量、自然地理背景等信息。

（2）流域信息

流域是指观测场地所在流域，这个流域的层次可以根据观测目的确定。流域信息包括流域名称、流域年平均温度、年降水量、自然地理背景、该流域所属的上一级流域名称、流域水循环特征（丰水期、枯水期、全年平均径流量、泥沙含量等）等信息。

（3）观测场地的空间关系信息

水环境的观测场地一般有多个，观测场地之间的空间关系主要指空间水文联系和空间位置差异信息。

（4）样地信息

样地信息是场地信息中的核心部分，主要包括以下几种：

1）样地识别信息。包括样地代码、样地名称、地理位置和覆盖范围、样地监测目的等；

2）样地特征信息。包括面积、样地类型、土壤类型和母质、地形地貌（高程、坡度坡向等）、植被类型和特征、土地利用类型、水分状况、采样样方布局等信息。

（5）样地管理信息

样地管理信息主要是人类活动的干预和自然突发性的环境变化，包括轮作方式、播种/收获日期、灌溉/排水、农药化肥使用情况、种植与砍伐状况、特殊事件记录（洪水、病虫害、旱灾、人为干扰等）、气象统计状况（月平均气温、平均降水等）和其他重要管理措施记录等。

11.1.3 观测和分析方法信息

水环境要素的观测和分析方法信息应包括以下几方面：

（1）试验设计信息

主要是试验设计的方案或采样设计方案。包括实施了何种野外环境处理、有多少重复、处理小区数量以及野外均质性和异质性等信息。

（2）观测方法和观测仪器信息

针对野外观测的某一个或多个要素所采用的方法和仪器设备。必须详细说明观测的项目和频度、观测采用的方法和观测过程、观测使用的仪器、仪器设施的结构特征和仪器设施的厂家信息、设施的安装和建设方面的细节，自行建造和安装的仪器设施需要详细说明仪器设施的精密和观测原理等方面的信息，还包括观测人员的信息等。

（3）采样方法信息

采样方法信息包括采样点的布设方式、采样仪器、样品容器和样品运输过程方面的信息，以及采样数量、样品类型和特征、采样时间和采样人等方面的信息。如果引用了采样标准，则需要说明标准名称和代码。

（4）分析方法信息

分析方法信息主要是测定项目所采用的分析方法，需要说明采样的分析方法标准，如果为非标准分析方法，需要详细说明分析过程。还包括分析实验室或分析人信息等。

（5）数据处理方法信息

是指对观测和分析所获得的数据进行处理的细节信息，包括如何处理数据，对数据异常情况的描述和处理方法，数据的下载、保存和传输方法等方面的信息。

（6）质量控制方法信息

质量控制方法信息主要是指那些观测采样和数据处理的质量控制方法，包括具体的质量控制方法、数据异常处理、质控人员信息和引用的规范和标准。

案例 11-2　CERN 各台站水化学分析方法情况

2007 年各台站基本上均按照《陆地生态系统水环境观测规范》采用国标方法进行样品分析，随着先进仪器的普及，近 1/3 台站采用了先进的仪器进行水质指标的分析，在人员分析能力薄弱情况下，对减少人为误差起到了很好的作用；但到目前为止，还没有台站对不同分析方法的结果进行过比对研究，开展不同分析方法比对研究对提高不同分析方法分析结果可比性具有重要的意义。

表 11-1　2007 年 CERN 各站水化学分析方法

主要分析方法	台站
仪器分析方法（原子吸收光谱法；离子色谱法；流动分析仪法）	ASA；CWA；HLA；LSA；FKD；LZD；SJM；BJF；GGF；MXF
传统分析方法（滴定法/比色法）	CSA；FQA；LCA；SYA；YCA；CLD；ESD；NMD；SPD；NMG；HBG；BNF；CBF；HTF
两者相结合（原子吸收法；滴定法）	HJA；TYA；YGA；YTA；ALF；DHF；HSF；QYA

11.2 水质数据正确性检验

11.2.1 阴阳离子平衡法

由于水中阴、阳离子始终处于一种相互联系、相互制约的关系，要保持水溶液中阴、阳离子电荷平衡，那么阴、阳离子摩尔浓度总和应大致相等。在理论上

$$K^+/39+Na^+/23+Ca^{2+}/20+Mg^{2+}/12+\cdots=HCO_3^-/61+SO_4^{2-}/48+Cl^-/35.5+NO_3^-/62+\cdots$$

但实际上这两个量很少相等。这是由分析误差、某些离子未做测定或某些离子在分析过程中组分发生了改变等因素造成的，因此这两个总量间允许有一定的差值。根据经验

$$E.N.(\%) = \frac{\sum 阴离子毫摩尔数 - \sum 阳离子毫摩尔数}{\sum 阴离子毫摩尔数 + \sum 阳离子毫摩尔数} \times 100\%$$

E.N.的值允许在±10%范围内。当 E.N 超出了这一范围，表明至少有一项测定需要重新校核。如果钠、钾是由阴阳离子的减差求得的，就不应该做此项平衡检查。

此外，各测定值的误差偶然巧合，也可能使阴阳离子摩尔浓度相等。因此，除上述计算方法外，还可将水样通过强酸性离子交换树脂，使水中阳离子被树脂中的氢离子置换，然后将交换溶液用标准碱溶液滴定，则阳离子交换总量加上总碱度应与阴离子分析结果相等，若两者相差超过 10%，则说明分析结果有误。

11.2.2 质量法与加和法测矿化度比对

矿化度是水中所含可溶性无机矿物成分的总量，是水化学成分测定的重要指标，用于评价水中总含盐量，是农田灌溉用水适用性评价的主要指标。矿化度一般只用于天然水的测定。对于无污染的水样，测得该水样的矿化度与该水样的总可滤残渣量值相同。矿化度的测定方法依目的不同大致有：质量法、电导法、阴阳离子加和法等。

理论上，矿化度应等于溶解性固体重，但重碳酸盐在烘烤时转化为碳酸盐，其损失量约为 HCO_3^- 的一半。即矿化度 $\approx \sum$ 阴离子量 $+ \sum$ 阳离子量 $-1/2 HCO_3^-$。由于水样中组分复杂即存在分析误差，所以溶解性固体和阴阳离子总量之间允许有一定的测定差。测定差的计算公式如下：

$$测定差(\%) = \frac{矿化度 - (\sum 阴离子量 + \sum 阳离子量 - 1/2\, HCO_3^-)}{矿化度 + (\sum 阴离子量 + \sum 阳离子量 - 1/2\, HCO_3^-)} \times 100\%$$

不同矿化度的测定差要小于各浓度的最大允许测定差（表 11-2），否则进行复测。

表 11-2　质量法与加和法测矿化度比对允许测定差

矿化度/（mg/L）	<100	100~500	500~1 000	1 000~10 000	>10 000
允许测定差/%	10	5	3	2	1

如果超出上述测定差，表明化学分析有误，或水样中有大量有机物质，或某种含量高的离子未进行分析，例如某些水样中硅酸盐含量高，应计入总量。

11.2.3　用电导率校核分析结果

对于多数天然水来说，将电导率（μS/cm，25℃）乘以因数（一般为 0.55～0.7），其得数就是矿化度的量（mg/L）。对于变化不大的水源水，其经验校正因数 α 可用矿化度 M（mg/L）和电导率 E（μS/cm，25℃）的比值 $\alpha=M/E$ 求得。利用这一审核方法，可以检验分析结果的正确性，发现分析中的较大误差。

11.2.4　pH 值的校核

可以从 pH 值判断某些元素是否有存在的可能或以什么形态存在。

通常，pH 值小于 7 时，水中游离 CO_2 占优势；而在 8.4 时，则主要为 HCO_3^-，当 pH 更大时，溶液中 CO_3^{2-} 含量逐渐增加；如果 pH 值在 9.5 以上，则还有可能含有 OH^-。所以有以下关系：

当 pH<4 或>12 时，应视为无 HCO_3^-；

当 pH<8.4 时，应视为无 CO_3^{2-}；

当 pH>8.4 时，应视为无游离 CO_2。

对于含有机物质不多，矿化度不大的水来说，pH 值与游离 CO_2 和 HCO_3^- 含量之间的关系如下：

$$pH = 6.37 + \lg c_{HCO_3^-} - \lg c_{CO_2}$$

对于无游离 CO_2 的水来说，pH 值与 CO_3^{2-} 和 HCO_3^- 含量之间的关系如下：

$$pH = 10.25 - \lg c_{HCO_3^-} + \lg c_{CO_3^{2-}}$$

式中，$c_{HCO_3^-}$——水样中重碳酸根离子的含量，mmol/L；

　　　　c_{CO_2}——水样中游离 CO_2 含量，mmol/L；

　　　　$c_{CO_3^{2-}}$——水样中碳酸根离子含量，mmol/L。

以上校核方法在 pH 值测定完全准确时才可能符合计算式，pH 的计算值与实测值的差值一般应小于 0.2。由于实际测定游离 CO_2 和 pH 值有较大误差，且计算式中没有考虑离子强度不同时的活度系数及各种离子真实含量的影响，因此这也是粗略的校核方法。

11.3　水质数据一致性检验

11.3.1　时间一致性

水质数据在时间上基本保持一致。水环境观测规范要求各台站干湿季各采样一次，并尽量保持在同一月份的同一日期采样。

由于台站对背景信息理解更为深刻，如果将各站同期历年数据进行同时段对比，可以总结出各监测指标的经验值范围，利用部分高监测频率指标的时间变化趋势，从而对数据的时间一致性进行检验。当分析数据超出经验范围，应进行原因分析。如发生分析错误及时重新测定。如因发生特殊事件引起，必须注明。

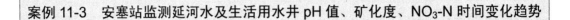

案例 11-3　安塞站监测延河水及生活用水井 pH 值、矿化度、NO₃-N 时间变化趋势

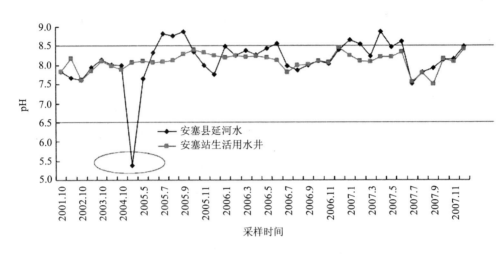

图 11-2　安塞站 2001—2007 年 pH 监测结果

《生活饮用水卫生标准》（GB 5749—2006）中规定生活饮用水的 pH 范围为 6.5 ～ 8.5，根据当地环境背景和多年监测数据，pH 为 5.38 的情况比较特殊，有可能是监测质量有问题，也可能是特殊事件引起，需要查明原因。

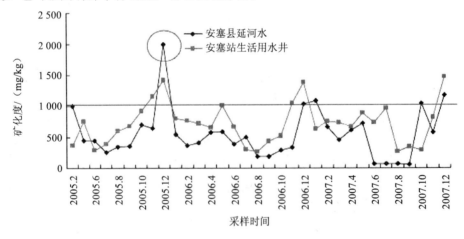

图 11-3　安塞站 2005—2007 年矿化度监测结果

安塞站地表水、地下水矿化度呈现出季节明显的动态变化趋势：冬季高，夏季低，冬季矿化度高于 1 000 mg/kg，但在 2005 年 12 月地表水矿化度达到 1 997 mg/kg，明显高于其他年份同期矿化度，需要查明原因。

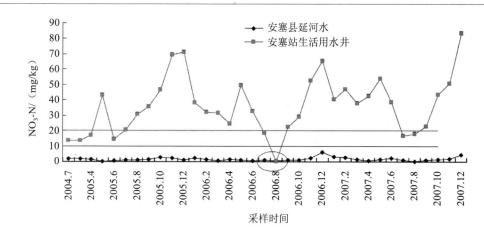

图 11-4 安塞站 2004—2007 年 NO_3-N 监测结果

安塞站地下水硝酸根态氮含量多在 20mg/kg 以上，而 2006 年 8 月的监测结果过低，需要查明原因。

11.3.2 方法一致性

为了确保分析方法的一致性及可比性，《陆地生态系统水环境观测规范》列出了各个指标的推荐方法。在网络监测中，台站基本按照规范指定的国标方法进行。随着先进仪器的引进，部分台站采用了电感耦合等离子体发射光谱法、连续流动分析仪法等仪器方法代替原有的传统方法。同一台站出现了分析方法的改变，不同台站间很多相同指标出现了不同分析方法。

11.3.3 空间一致性

空间一致性是指样地是否定位，样地代码和名称是否规范、一致，背景信息是否完整。

案例 11-4 海北高寒草甸湿地倒淌河河水部分指标空间变异*

在倒淌河小流域，沿着河流的源头自上而下均匀布点，分析了部分水质指标，目的是评价水质采样点空间分布对水质评价结果的影响。点 1、2 号采样点为倒淌河小流域源头的乱海子，为高寒草甸中的湖泊，水源主要为高山融雪和降水。3、4、5 号采样点为邻近乱海子的倒淌河源头沼泽水，主要植被类型为高寒沼泽植被，6～21 号点为倒淌河自上游向下游的河水采样点，其中 7 号为汇入河流、从土壤中渗出的水，被定义为泉水（浅层地下水），12 号点为汇入倒淌河的鱼儿山支流源头沼泽水，其中除 12 号点植被类型为沼泽植被外，6～18 号点主要为高寒草原植被类型，19～21 号点植被类型主要为金露梅灌丛。土地利用方式为畜牧业，无农业土地利用。

---

* 王溪

在 2008—2009 年分析了 21 个采样点水体钾、钠、钙、镁、氯离子、硫酸根、NO_3^-、pH、电导率。

从分析结果可以看出，除钙离子无明显空间变化趋势外，其他分析指标均在空间有明显的变化趋势，并且不同指标空间变化趋势不同。对于 1、2 号点来水，乱海子静止地表水中钠、钾、镁、氯离子、硫酸根含量明显高于沼泽水和河水。对于 7 号采样点来说，其监测指标含量基本接近于河水，但同其上、下游的 6、8 号点河水比较，其水体中的 EC、NO_3^-、TIC、Mg^{2+}含量较高，而 Ca^{2+}、K^+、Na^+、SO_4^{2-}、Cl^-。硝酸根含量则表现为从上游向下游逐渐增高的趋势。水体 pH 的变化趋势则为在乱海子静止地表水和源头沼泽水 pH 较高，而随着草原植被逐渐被金露梅灌丛代替，河水自上游向下游 pH 表现出了增高的趋势。

从 2 年在河流空间均匀布点采样分析水体质量部分结果可见，即使在人类活动干扰较少的高寒草甸湿地河水中，不同指标可能具有明显不同的空间分布趋势，在流域水体监测时，要充分考虑不同来源水体、不同空间位置对监测河流水体质量的影响。

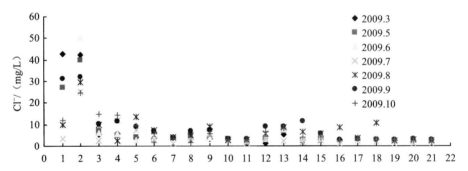

1，2 乱海子；3～5 沼泽水；6～21 倒淌河自上游向下游采样点，其中 12 为鱼儿山汇入河流沼泽水

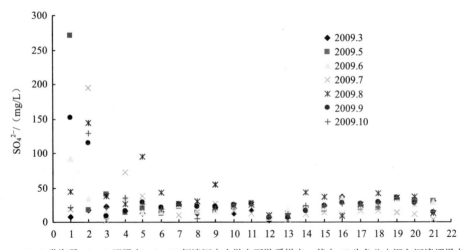

1，2 乱海子；3～5 沼泽水；6～21 倒淌河自上游向下游采样点，其中 12 为鱼儿山汇入河流沼泽水

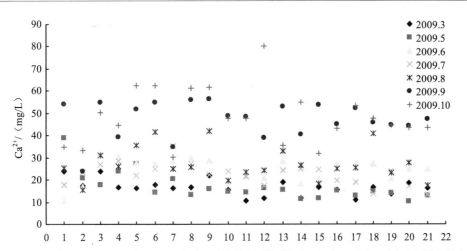

1，2 乱海子；3～5 沼泽水；6～21 倒淌河自上游向下游采样点，其中 12 为鱼儿山汇入河流沼泽水

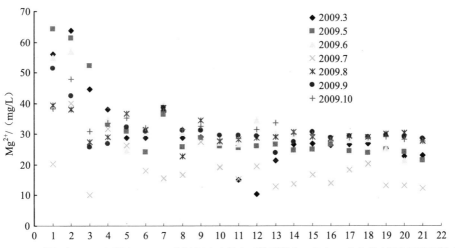

1，2 乱海子；3～5 沼泽水；6～21 倒淌河自上游向下游采样点，其中 12 为鱼儿山汇入河流沼泽水

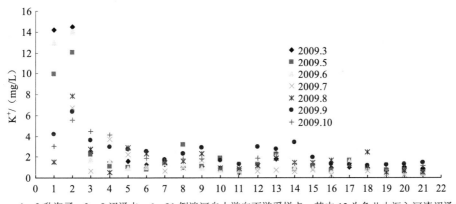

1，2 乱海子；3～5 沼泽水；6～21 倒淌河自上游向下游采样点，其中 12 为鱼儿山汇入河流沼泽水

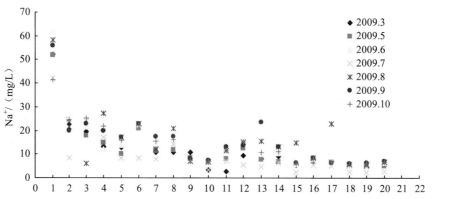

1，2 乱海子；3～5 沼泽水；6～21 倒淌河自上游向下游采样点，其中 12 为鱼儿山汇入河流沼泽水

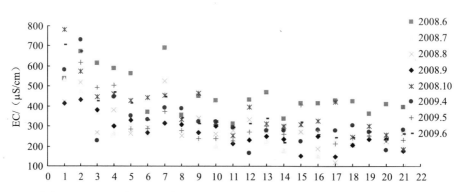

1，2 乱海子；3～5 沼泽水；6～21 倒淌河自上游向下游采样点，其中 12 为鱼儿山汇入河流沼泽水

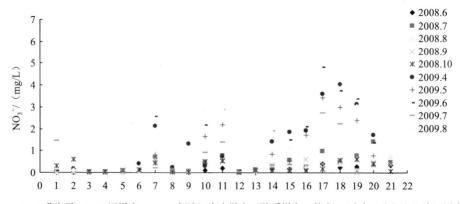

1，2 乱海子；3～5 沼泽水；6～21 倒淌河自上游向下游采样点，其中 12 为鱼儿山汇入河流沼泽水

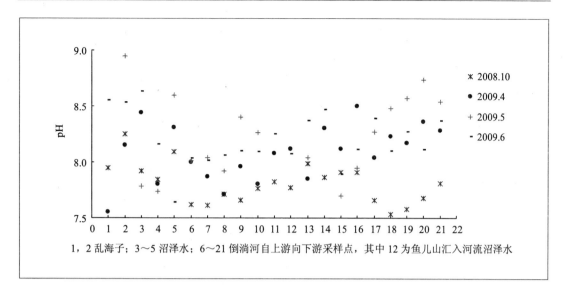

1，2 乱海子；3～5 沼泽水；6～21 倒淌河自上游向下游采样点，其中 12 为鱼儿山汇入河流沼泽水

案例 11-5　北京森林站同一采样点样品变异[*]

北京森林站在 2004—2009 年对分析的地表水、地下水均采取每个采样点三次重复采样的方法。2009 年样品分析结果显示，重复样品分析结果变异较小，对于往年分析结果变异较大的重复点，在数据处理时，可以根据多年变化趋势与含量范围，剔除变异点（如下图圈中所示），提高样品的代表性。

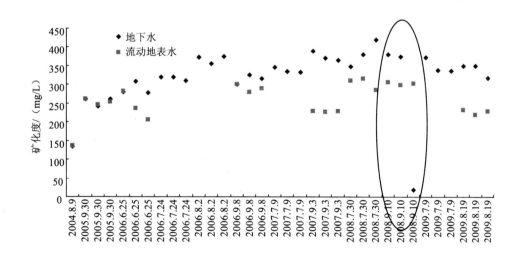

* 苏宏新

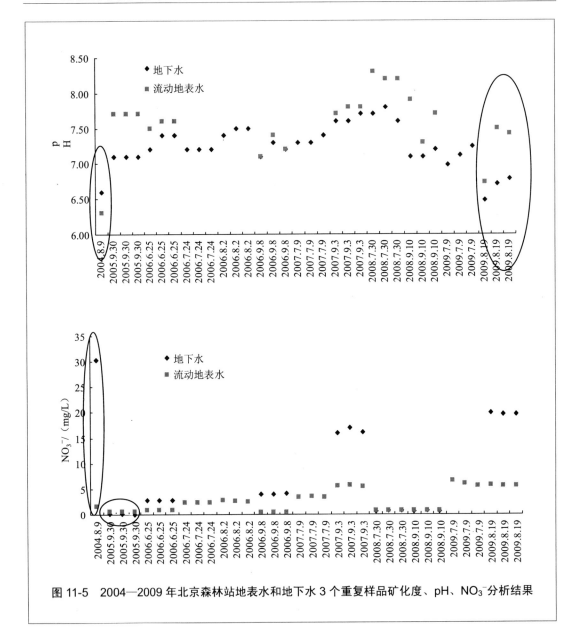

图 11-5 2004—2009 年北京森林站地表水和地下水 3 个重复样品矿化度、pH、NO_3^- 分析结果

12 水环境观测数据质量评估

CERN 数据质量评估就是针对 CERN 长期观测数据质量需要达到的目标，采用一定的方法，对 CERN 长期观测数据进行科学的定性与定量评价。数据质量评估是质量管理体系中的最后环节，它的意义在于两个方面：一方面通过对数据质量的评估加强对数据产生过程的质量管理；另一方面，一套完整的数据质量评估过程为数据最终的共享和使用具有重要作用。

一套完整的数据质量评估是一整套评估流程，包括各个环节和每个环节的具体结果，最终形成一个质量评估报告。

12.1 CERN 数据质量评估现状与问题

12.1.1 EPA 数据质量评估流程介绍

美国环境保护局（EPA）制订了一套严格完整的数据质量评估体系，是目前进行野外和室内分析数据质量评估程序规范、考虑全面、定量化完整的评估方法。这里对这套方法做一个简单介绍，作为 CERN 数据质量评估未来发展的一个借鉴。

EPA 的整个质量管理体系分为三个步骤，即计划、实施和评估。评估是整个质量管理体系最后的环节，它的主要工作由两部分组成：数据检验和数据评估。其中数据检验主要是对数据的测量流程、实施、要求等进行审核，然后将审核后的数据进入数据评估流程（图 12-1）。

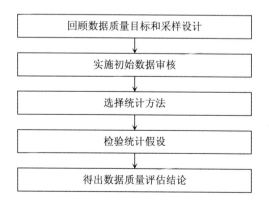

图 12-1 EPA 数据评估流程

EPA 的数据评估分为 5 个步骤：

（1）回顾数据质量目标和采样设计

本步骤的目的是整理回顾数据质量目标具体指标，采样设计，以及所有与数据收集有关的文档，从一致性的角度看数据是否符合要求。在这一步骤中，主要的工作包括：

- 回顾质量目标
- 将质量目标量化为统计假设
- 确定数据误差极限
- 回顾采样设计

这一步骤主要的产出是统计假设说明和采样设计概念等。

（2）实施初始数据审核

本步骤生成用于描述数据的统计量和数据图形，使用这些信息来了解数据的结构，识别数据的模式和关系。在这一步骤中，主要的工作包括：

- 检查数据质量保证报告
- 计算基本统计量
- 画数据变化图

这一步骤的主要产出是统计量和数据图。

（3）选择统计方法

本步骤基于初始的数据审核，选择一个合适的统计方法来分析数据。主要的工作包括：

- 选择统计假设检验方法
- 识别不同检验方法下的假设含义

这一步骤的主要产出包括单一数据集的假设检验方法和比较两组数据集的假设检验方法。

（4）检验统计假设

本步骤将选择的假设检验应用于环境数据，检查假设的正确性。主要的工作包括：

- 决定假设检验方法
- 实施假设检验
- 决定纠错方法

这一步骤产出有分布假设检验、独立假设检验和离散假设检验。

（5）得出数据质量评估结论

本步骤基于用户需要解释假设检验的结果和合理性。主要的工作包括：

- 实施统计假设检验
- 得出研究结论
- 评价采样设计的效果

本步骤产出质量评估结论。

12.1.2 CERN 数据质量评估的现状与问题

CERN 长期监测数据的质量评估主要是针对 CERN 的水、土、气、生物等历年的野外长期动态观测数据进行质量审核和打分，评价数据质量好坏，以确保监测数据的规范、完整和合理为主要目标。CERN 数据质量评估主要体现出以下三个特点：

（1）数据质量评估是为数据共享服务

CERN 数据质量评估的最终目的是将 CERN 监测数据共享，而数据共享对数据格式、元数据的完整性以及数据的合理性有更多的要求，因此评估时更加重视各野外台站数据的填报规范、元数据是否完整，以及数据是否合理三方面。其中数据的合理性是所有类型数据评估的核心内容，对于 CERN 而言，对数据完整性（元数据信息）和数据的规范化的要求是其重要特点。

（2）数据质量的三级检验和两级评估

CERN 长期监测数据的质量评估包括两部分，即数据检验和数据评估。数据检验是对长期监测数据的完整性、合理性、一致性进行检查和审核，在 CERN，这一工作分别由台站、专业分中心、综合中心来逐级完成。经过审核的数据进入数据评估环节，这部分内容给予数据质量目标——数据共享，对数据质量好坏进行评价，这部分工作分别由专业分中心和综合中心来逐级完成。

（3）定性与定量结合的评估方法

CERN 的数据评估主要通过各专业分中心基于 CERN 的观测规范和要求对质量好坏加以评价，通过定性的评价辅助部分定量方法最终提出评估报告。

CERN 的数据监测和评估已经超过十年，然而由于各方面的原因，特别是对质量管理工作的不重视，质量评估目前仍然存在一些问题，尤其是在评估方法上没有形成科学、严格和规范性的方法。主要问题包括：

（1）定性评估方法多，定量评估方法少

当前 CERN 数据质量的审核和评价，主要通过质量审核人员通过专业知识定性审核和评价，这一方面增加了审核人员的工作量，另一方面由于人工审核人员的素质和其他原因导致数据检查和评价过程均可能出现错误和问题。在当前数据审核和评估的各类统计检验理论和方法日趋完善的情况下，CERN 缺乏专门人才对长期监测数据的定量检验和评估方法进行深入的研究和推广。

（2）缺乏规范的数据评估方法

目前的数据评估都是各专业分中心和综合中心根据自身工作的经验和数据的特点，自行订立的不系统、差异很大的评估方法，阻碍了数据评估结果的实用性和数据共享。CERN 急需要构建一套严谨、规范、完整的评估流程和程序，以及具体的评估方法和手段等，实现评估的规范化和科学化。

12.2　水环境观测数据质量评估方法

本节总结 CERN 水分分中心在历年水分数据评估中形成的经验和部分想法，作为进一步完善 CERN 数据质量评估的参考。

12.2.1　评估流程

水环境观测数据的整个质量评估过程是一个台站、水分分中心和综合中心都参与的数据质量评估过程，不同部门在这一评估过程中担任不同的角色。数据评估的整个流程包括 7 个环节（图 12-2），即数据整理与上报，数据初审，数据完善与反馈，数据再审，数据质量评估，数据和评估报告提交，数据终审并共享七个环节。其中台站参与数据整理与上报、数据初审、数据完善与反馈环节，水分分中心参与数据初审、数据完善与反馈、数据再审、数据质量评估、数据和评估报告提交这 5 个环节，综合中心负责最终的数据终审和数据共享工作。

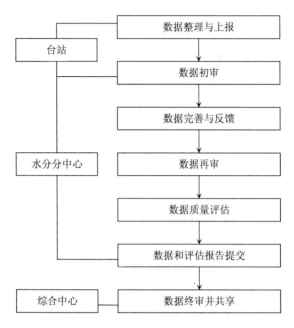

图 12-2　CERN 水分数据评估流程

　　在这一评估流程中，数据通过台站上报，到水分分中心审核，到综合中心最终共享，水分分中心担任了数据检验和评估的核心工作，是保证数据质量的关键部门。下面几节就这一流程中的几个关键环节详细说明。

12.2.2　数据的整理与上报

　　数据的整理与上报是台站对本年度 CERN 水环境监测数据按照要求进行整理并上报 CERN 水分分中心的过程，这一过程主要由台站承担完成。

　　数据整理与上报的目的是台站整理好一套完整的水环境观测数据，为台站自身以及水分分中心进行数据审核提供一系列的报表。这一系列的报表按类型分主要包括：①动态监测数据，即每年按照 CERN 监测指标得到的数据；②背景信息数据，水分分中心根据质量分析的需要提供的背景信息数据；③数据质量评价信息表，为台站完成的评价自身数据质量的表格；④其他说明文档，为台站根据数据情况撰写的说明文档。

　　动态监测数据是所有数据的核心，在中国生态系统研究网络长期观测规范的《陆地生态系统水环境观测规范》附录后面对 CERN 水环境数据的动态数据表格进行了详细的说明。所有台站基于这一规范性的表格格式，在水分分中心的其他要求下，完成台站数据的填写。

　　水分分中心根据水分数据质量评估的需要，以及水分数据观测采样方法的改进等，将根据发展的情况改进数据上报的表格格式，并逐步提供自动化的手段加强填报的规范化，减少填报过程中的质量问题。

填报过程的主要工作包括：

（1）台站责任人认真学习水分分中心发布的年度数据上报要求；

（2）根据年度水分数据上报要求收集本台站所有相关数据；

（3）利用专门开发的填报工具，或者利用台站自身的填报工具将数据按照要求填报完整；

（4）整理完成一系列的数据文档，并上报台站质量管理负责人；

（5）台站质量观测负责人审核合格后上报水分分中心。

在数据整理和上报这一环节，最关键的是开发出规范的计算机辅助的数据填报系统，目前这一工作在水分分中心层面上正在深入。

12.2.3 数据的审核和检验

数据的审核和检验就是对台站上报数据根据质量目标和观测规范，以及数据共享的需要进行审核，形成符合要求的数据。

在 CERN 数据质量评估过程中，数据的审核和检验分为三级，第一级由台站负责完成，第二级由水分分中心负责完成，第三级由综合中心负责完成。整个数据审核流程见图 12-3。

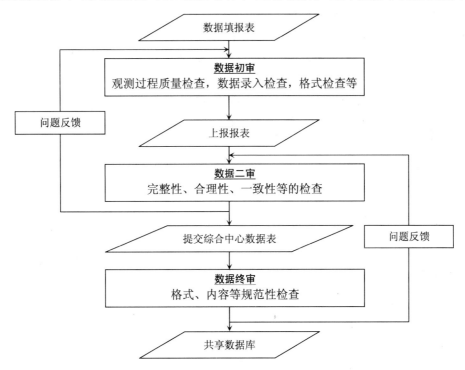

图 12-3 水环境观测数据的审核与检验流程

（1）数据初审

数据初审主要由台站负责完成，水分分中心辅助进行检查。

数据初审的主要内容包括：台站依据水环境观测质量管理规范要求对台站年度监测数据进行质量检查；对数据录入中的错误问题进行检查；对数据格式进行检查。

数据初审的主要依据是 CERN 出版的系列规范丛书,包括:《水环境要素观测与分析》、《陆地生态系统水环境观测规范》、《陆地生态系统水环境观测质量保证与质量控制》、《台站水环境观测质量手册》(台站自身撰写,非正式出版物)。

数据初审未来将会开发台站质量管理信息系统平台,将针对初审的要求提供多个数据质量审核的使用计算机程序。

(2)数据二审

数据二审主要由水分分中心负责,通过水分分中心研究的水分数据检验方法,对水分数据的完整性、合理性、一致性进行检查。对存在的问题及时反馈到台站,在台站修改后再进行审核,最终形成可以提交给综合中心的系列数据表。

关于数据二审中的主要方法在本书第 9 章中进行了详细的说明。这里不再重复。

数据二审是一道人工和计算机自动处理的过程,需要大量的专业知识加入其中,为保证数据二审的可靠性和连续性,需要开发基于专业知识的数据检验计算机辅助实用软件。这是未来水分分中心的工作方向之一。

(3)数据终审

数据终审是专业分中心将审核的数据按照要求整理好后,提交综合中心,由综合中心根据共享数据库的要求,对分中心提交数据进行审核的过程。

数据终审主要根据 CERN 动态数据库的要求,对数据的格式、完整性、规范化情况进行检查,发现问题及时反馈专业分中心,专业分中心经过修改完善后再提交的过程。

数据终审主要借助大型数据库软件的相关功能,通过编写一定的查错程序来完成,自动化程度高。

数据终审的具体方法参考 CERN 有关数据规范的出版物。

12.2.4 数据质量评估

数据质量评估由专业分中心完成,水分分中心负责完成 CERN 陆地生态系统研究站水环境观测数据的质量评估。

目前的水分数据评估方法仍然是定性为主,定量为辅,最终得到一个数据质量的评分结果,作为对台站数据质量的评价。水分数据评估的流程与杨青云(2004)提供的数据质量评估思路极其类似,基本也是按照一个六元数组来打分,目前水分数据的质量评估还没能在评估规则打分上定量化。下面介绍这个评估流程。

杨青云的数据质量评估模型是一个六元组:

$$M = \langle D, I, R, W, E, S \rangle$$

D 为需要评估的数据集,对于关系数据库来说,一个数据集相对于一个表或视图;

I 为数据集上需要评估的指标,如完整性、合理性、一致性等指标;

R 为与评估指标相对应的规则,规则可以使用规范化的自然语言或形式化的语言来书写,便于转化为程序语言;

W 为赋予规则 R 的权重,描述了该规则在所有规则中所占的比重;

E 是对规则 R 给出的期望值(介于 0~100 之间的实数),是在评估之前对该规则所期望得到的分值;

S 为规则 R 实际的得分值，反映了数据集 D 在规则 R 下的数据质量。

杨青云的质量评估模型的具体计算方法参考相关的文献。

这里以土壤含水量数据为例，说明这一数据集的打分过程。土壤含水量数据质量评估模型见图 12-4。

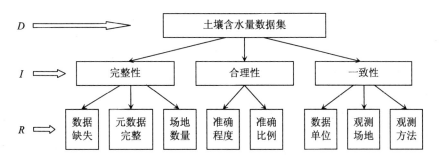

图 12-4　水分数据质量评估模型

目前，土壤含水量数据评估时的主要规则见图 12-4。其中，数据的完整性评估规则包括三项：数据缺失、元数据完整、场地数量。数据合理性评估规则包括两项：准确程度、准确比例。数据一致性评估规则包括三项：数据单位、观测场地、观测方法。上述规则的具体内涵见本书第 9 章中的详细说明。

在整个评估打分过程中，W 权重值按照规则数量平均分配，比如完整性规则中，数据缺失、元数据完整、场地数据三个规则各占 1/3 权重。关键是对每项规则的实际打分 S，这一部分需要专业知识，被赋予了太多人工痕迹。如何采用适当的数学统计方法，将 S 分值科学化、定量化和自动化是未来 CERN 数据质量评估的努力方向。

与杨青云的评估模型算法不同，CERN 数据因含有多项监测指标、对应多个数据集，水环境数据质量评估还需要完成所有数据集的总打分，一般需要对每个数据集做一个权重赋值，最后给出总的分值作为最终的评估结果。

12.2.5　综合质量评估报告

综合质量评估报告是数据质量评估的最后环节，是提交 CERN 数据中心（综合中心）的数据质量说明文档。为了规范综合质量评估报告的编写，需要对报告的格式和内容进行详细的规定。目前主要的内容包括：

（1）评估报告的章节构成

一个规范的数据综合质量评估报告应该形成一个规范化的撰写格式，根据 CERN 水分数据的特点，我们设置的综合质量评估报告的章节组成应该由以下部分组成：

（一）报告名称

（二）数据集内容综述

（三）数据质量综合评价

（四）报告填写人

（五）质量评价单位

（六）报告填写时间

在这六部分章节中，数据集内容综述和数据质量综合评价又是报告的核心和关键，特别是数据质量综合评价，需要给出具体的评价信息，要求对内容进行规范化。

（2）数据质量综合评价的撰写内容

根据 CERN 水环境观测数据的特点，数据质量综合评价这一章节的撰写内容应该包括：

1．水文数据的完整性分析与统计

1.1　分析方法

1.2　主要问题

1.3　完整性统计表

2．水文数据的合理性分析与统计

2.1　分析方法

2.2　主要问题

2.3　完整性统计表

3．水文数据的一致性分析与统计

3.1　分析方法

3.2　主要问题

3.3　完整性统计表

4．水质数据的完整性分析与统计

4.1　分析方法

4.2　主要问题

4.3　完整性统计表

5．水质数据的合理性分析与统计

5.1　分析方法

5.2　主要问题

5.3　完整性统计表

6．水质数据一致性分析与统计

6.1　分析方法

6.2　主要问题

6.3　完整性统计表

7．数据综合打分

7.1　打分方法说明

7.2　打分结果统计表

参考文献

[1] 丁海龙，徐宏炳. 数据质量分析及应用[J]. 计算机技术与发展，2007，17（3）：236-238.

[2] 姜作勤. 数据质量研究与实践的现状及空间数据质量标准[J]. 国土资源信息化，2004（3）：22-28.

[3] Radziwill N M，苏颖. 科学数据产品的质量管理基础[J]. 中国科技资源导刊，2009，41（4）：28-33.

[4] 杨青云，赵培英，杨冬青，等. 数据质量评估方法研究[J]. 计算机工程与应用，2004（9）：3-4, 15.

[5] 韩京宇，宋爱波，董逸生. 数据质量维度量化方法[J]. 计算机工程与应用，2008，44（36）：1-6.

[6] 施建平，杨林章. 土壤长期监测数据的质量保证[C]//科学数据库与信息技术论文集（第九集）[M]. 北京：中国环境科学出版社，2008：119-124.

[7] 施建平，孙波，杨林章. 土壤监测数据的质量评估[C]//科学数据库与信息技术论文集（第八集）[M]. 北京：中国环境科学出版社，2006：368-376.

[8] 宋敏，覃正. 国外数据质量管理研究综述[J]. 情报杂志，2007（2）：7-9.

[9] 吴喜之，闫洁. 数据分析中的数据质量识别[J]. 统计与信息论坛，2006，21（6）：12-16.

[10] 商广娟. 有效的数据质量管理体系——21世纪管理的基石[J]. 航空标准化与质量，2005（2）：18-22.

[11] 戴若虹. 浅析环境监测QC/QA过程中的采样环节[J]. 云南环境科学，2003，22（增刊）：115-117.

[12] EPA. Guidance for Data Quality Assessment，Practical Methods for Data Analysis[EB/OL]. 2000，*http://www.epa.gov/quality/qa_docs.html#G9R*.

[13] 袁国富. 陆地生态系统水环境观测规范[M]. 北京：中国环境科学出版社，2007.

[14] 谢贤群，王立军. 水环境观测要素与分析[M]. 北京：中国标准出版社，1998.

[15] Aggarwal C C，Yu P. Outlier Detection for High Dimensional Data[C].In Proc.of ACM SIGMOD'2001，2001.

[16] Breunig M M，Kriegel H P，Ng R，et al. LOF：Identifying Density-based Local Outliers[C].In ACM SIGMOD Conference Proceedings，2000.

[17] Hawkins D. Identification of Outliers[M]. Chapman and Hall，London，1980.

[18] Ruts I，Rousseeuw P. Computing Depth Contours of Bivariate Point Clouds[J]. Computational Statistics and Data Analysis，1996，23（1）：153-168.

[19] Ramaswamy S，Rastogi R，Shim K. Efficient Algorithms for Mining Outliers from Large Data Sets[C]. ACM SIGMOD Conference Proceedings，2000.

[20] Preparata F，Shamos M. Computational Geometry：an Introduction[M]. Springer，1988.

[21] 孙南. 水质自动监测系统运行过程中的质量保证和质量控制[J]. 环境监测管理与技术，2009，21（1）：62-64.

[22] 许佳. 水质自动监测系统的应用及意义[J]. 中国水运，2011，12（11）：99-101.

[23] 刘晓茹，周怀东，李贵宝. 水质自动监测系统建设[J]. 水文水资源，2004（9）：51-52.

[24] 池靖，等. 环境水样过程中的质量保证措施，环境监测管理与技术，2007，19（1）：57-59.

附录一 引用标准

HJ/T 372—2007	水质自动采样器技术要求及检测方法
HJ 493—2009	水质 样品的保存和管理技术规定
HJ 494—2009	水质 采样技术指导
HJ 495—2009	水质采样方案设计技术指导
GB 17378.2—2007	海洋监测规范 第2部分：数据处理与分析质量控制
HJ/T 91—2002	地表水和污水监测技术规范
HJ/T 164—2004	地下水环境观测技术规范
HJ/T 372—2007	水质自动采样器技术要求及检测方法
HJ 501—2009	水质 总有机碳的测定 燃烧氧化—非分散红外吸收法
HJ 536—2009	水质 氨氮的测定 水杨酸分光光度法
HJ 535—2009	水质 氨氮的测定 纳氏试剂分光光度法
GB/T 11894—89	水质 总氮的测定 碱性过硫酸钾消解紫外分光光度法
CNAS-CL 01	检测和校准实验室能力认可准则
SL 384—2007	水位观测平台技术标准
SL 187—2005	地下水监测规范
GBJ 138—90	水文观测标准
SL 277—2002	水土保持监测技术规程
SL 342—2006	水土保持监测设施通用技术条件
SD 239—87	水土保持试验规范
SL 24—91	堰槽测流规范
GB/T 19000—2008	质量管理体系 基础和术语
GB/T 19017—2008	质量管理体系 技术状态管理指南
GB/T 19023—2003	质量管理体系文件指南
GJB 9001A—2001	质量管理体系要求
GB/T 4883—2008	数据的统计处理和解释正态样本离群值的判断和处理

附录二 水质监测相关标准

标准名称	标准编号
水质　总汞的测定　冷原子吸收分光光度法	HJ 597—2011
水质　单质磷的测定　磷钼蓝分光光度法（暂行）	HJ 593—2010
水质　铜的测定　二乙基二硫代氨基甲酸钠分光光度法	HJ 485—2009
水质　铜的测定　2,9-二甲基-1,10 菲啰啉分光光度法	HJ 486—2009
水质　样品的保存和管理技术规定	HJ 493—2009
水质采样技术指导	HJ 494—2009
水质采样方案设计技术指导	HJ 495—2009
水质　挥发酚的测定　溴化容量法	HJ 502—2009
水质　挥发酚的测定　4-氨基安替比林分光光度法	HJ 503—2009
水质　五日生化需氧量（BOD$_5$）的测定　稀释与接种法	HJ 505—2009
水质　溶解氧的测定　电化学探头法	HJ 506—2009
水质　氨氮的测定　纳氏试剂分光光度法	HJ 535—2009
水质　氨氮的测定　水杨酸分光光度法	HJ 536—2009
水质　氨氮的测定　蒸馏-中和滴定法	HJ 537—2009
水质　硫酸盐的测定　铬酸钡分光光度法（试行）	HJ/T 342—2007
水质　氯化物的测定　硝酸汞滴定法（试行）	HJ/T 343—2007
水质　锰的测定　甲醛肟分光光度法（试行）	HJ/T 344—2007
水质　铁的测定　邻菲啰啉分光光度法（试行）	HJ/T 345—2007
水质　硝酸盐氮的测定　紫外分光光度法（试行）	HJ/T 346—2007
水质自动采样器技术要求及检测方法	HJ/T 372—2007
固定污染源监测质量保证与质量控制技术规范（试行）	HJ/T 373—2007
水质　化学需氧量的测定　快速消解分光光度法	HJ/T 399—2007
水质　氨氮的测定　气相分子吸收光谱法	HJ/T 195—2005
水质　凯氏氮的测定　气相分子吸收光谱法	HJ/T 196—2005
水质　亚硝酸盐氮的测定　气相分子吸收光谱法	HJ/T 197—2005
水质　硝酸盐氮的测定　气相分子吸收光谱法	HJ/T 198—2005
水质　总氮的测定　气相分子吸收光谱法	HJ/T 199—2005
水质　硫化物的测定　气相分子吸收光谱法	HJ/T 200—2005
地下水环境观测技术规范	HJ/T 164—2004
高氯废水化学需氧量的测定　碘化钾碱性高锰酸钾法	HJ/T 132—2003
水质　生化需氧量（BOD）的测定　微生物传感器快速测定法	HJ/T 86—2002
地表水和污水监测技术规范	HJ/T 91—2002
高氯废水化学需氧量的测定　氯气校正法	HJ/T 70—2001
水质　无机阴离子的测定　离子色谱法	HJ/T 84—2001
水质　铍的测定　铬箐 R 分光光度法	HJ/T 58—2000
水质　铍的测定　石墨炉原子吸收分光光度法	HJ/T 59—2000
水质　硫化物的测定　碘量法	HJ/T 60—2000
水质　硼的测定　姜黄素分光光度法	HJ/T 49—1999
水质　三氯乙醛的测定　吡唑啉酮分光光度法	HJ/T 50—1999
水质　全盐量的测定　重量法	HJ/T 51—1999
水质河流采样技术指导	HJ/T 52—1999
水质　挥发性卤代烃的测定　顶空气相色谱法	GB/T 17130—1997

标准名称	标准编号
水质 1,2-二氯苯、1,4-二氯苯、1,2,4-三氯苯的测定 气相色谱法	GB/T 17131—1997
环境 甲基汞的测定 气相色谱法	GB/T 17132—1997
水质 硫化物的测定 直接显色分光光度法	GB/T 17133—1997
水质 石油类和动植物油的测定 红外光度法	GB/T 16488—1996
水质 硫化物的测定 亚甲基蓝分光光度法	GB/T 16489—1996
环境中有机污染物遗传毒性检测的样品前处理规范	GB/T 15440—1995
水质 急性毒性的测定 发光细菌法	GB/T 15441—1995
水质 钒的测定 钽试剂（BPHA）萃取分光光度法	GB/T 15503—1995
水质 二氧化碳的测定 二乙胺乙酸铜分光光度法	GB/T 15504—1995
水质 硒的测定 石墨炉原子吸收分光光度法	GB/T 15505—1995
水质 肼的测定 对二甲氨基苯甲醛分光光度法	GB/T 15507—1995
水质 可吸附有机卤素（AOX）的测定 微库仑法	GB/T 15959—1995
水质 烷基汞的测定 气相色谱法	GB/T 14204—93
水质 一甲基肼的测定 对二甲氨基苯甲醛分光光度法	GB/T 14375—93
水质 偏二甲基肼的测定 氨基亚铁氰化钠分光光度法	GB/T 14376—93
水质 三乙胺的测定 溴酚蓝分光光度法	GB/T 14377—93
水质 二乙烯烷三胺的测定 水杨醛分光光度法	GB/T 14378—93
水和土壤质量有机磷农药的测定 气相色谱法	GB/T 14552—93
水质 钡的测定 电位滴定法	GB/T 14671—93
水质 吡啶的测定 气相色谱法	GB/T 14672—93
水质 钒的测定 石墨炉原子吸收分光光度法	GB/T 14673—93
水质 铅的测定 示波极谱法	GB/T 13896—92
水质 硫氰酸盐的测定 异烟酸-吡唑啉酮分光光度法	GB/T 13897—92
水质 铁（II、III）氰络合物的测定 原子吸收分光光度法	GB/T 13898—92
水质 铁（II、III）氰络合物的测定 三氯化铁分光光度法	GB/T 13899—92
水质 黑索金的测定 分光光度法	GB/T 13900—92
水质 二硝基甲苯的测定 示波极谱法	GB/T 13901—92
水质 硝化甘油的测定 示波极谱法	GB/T 13902—92
水质 有机磷农药的测定 气相色谱法	GB/T 13192—91
水质 硝基苯、硝基甲苯、硝基氯苯、二硝基甲苯的测定 气相色谱法	GB/T 13194—91
水质 水温的测定 温度计或颠倒温度计测定法	GB/T 13195—91
水质 硫酸盐的测定 火焰原子吸收分光光度法	GB/T 13196—91
水质 阴离子洗涤剂的测定 电位滴定法	GB/T 13199—91
水质 浊度的测定	GB/T 13200—91
水质 物质对蚤类（大型蚤）急性毒性测定方法	GB/T 13266—91
水质 物质对淡水鱼（斑马鱼）急性毒性测定方法	GB/T 13267—91
水质 苯胺类化合物的测定 N-（1-萘基）乙二胺偶氮分光光度法	GB/T 11889—89
水质 苯系物的测定 气相色谱法	GB/T 11890—89
水质 凯氏氮的测定	GB/T 11891—89
水质 高锰酸盐指数的测定	GB/T 11892—89
水质 总磷的测定 钼酸铵分光光度法	GB/T 11893—89
水质 总氮的测定 碱性过硫酸钾消解紫外分光光度法	GB/T 11894—89
水质 苯并[a]芘的测定 乙酰化滤纸层析荧光分光光度法	GB/T 11895—89
水质 氯化物的测定 硝酸银滴定法	GB/T 11896—89
水质 硫酸盐的测定 重量法	GB/T 11899—89

标准名称	标准编号
水质　痕量砷的测定　硼氢化钾-硝酸银分光光度法	GB/T 11900—89
水质　悬浮物的测定　重量法	GB/T 11901—89
水质　硒的测定　2,3-二氨基萘荧光法	GB/T 11902—89
水质　色度的测定	GB/T 11903—89
水质　钾和钠的测定　火焰原子吸收分光光度法	GB/T 11904—89
水质　钙和镁的测定　原子吸收分光光度法	GB/T 11905—89
水质　锰的测定　高碘酸钾分光光度法	GB/T 11906—89
水质　银的测定　火焰原子吸收分光光度法	GB/T 11907—89
水质　镍的测定　丁二酮肟分光光度法	GB/T 11910—89
水质　铁、锰的测定　火焰原子吸收分光光度法	GB/T 11911—89
水质　镍的测定火焰　原子吸收分光光度法	GB/T 11912—89
水质　化学需氧量的测定　重铬酸盐法	GB/T 11914—89
水质　五氯酚的测定　藏红 T 分光光度法	GB/T 9803—88
水质　总铬的测定	GB/T 7466—87
水质　六价铬的测定　二苯碳酰二肼分光光度法	GB/T 7467—87
水质　总汞的测定　高锰酸钾-过硫酸钾消解法双硫腙分光光度法	GB/T 7469—87
水质　铅的测定　双硫腙分光光度法	GB/T 7470—87
水质　镉的测定　双硫腙分光光度法	GB/T 7471—87
水质　锌的测定　双硫腙分光光度法	GB/T 7472—87
水质　铜、锌、铅、镉的测定　原子吸收分光光度法	GB/T 7475—87
水质　钙的测定　EDTA 滴定法	GB/T 7476—87
水质　钙和镁总量的测定　EDTA 滴定法	GB/T 7477—87
水质　铵的测定　蒸馏和滴定法	GB/T 7478—87
水质　铵的测定　纳氏试剂比色法	GB/T 7479—87
水质　硝酸盐氮的测定　酚二磺酸分光光度法	GB/T 7480—87
水质　铵的测定　水杨酸分光光度法	GB/T 7481—87
水质　氟化物的测定　离子选择电极法	GB/T 7484—87
水质　总砷的测定　二乙基二硫代氨基甲酸银分光光度法	GB/T 7485—87
水质　溶解氧的测定　碘量法	GB/T 7489—87
水质　六六六、滴滴涕的测定　气相色谱法	GB/T 7492—87
水质　亚硝酸盐氮的测定　分光光度法	GB/T 7493—87
水质　阴离子表面活性剂的测定　亚甲蓝分光光度法	GB/T 7494—87
水质　pH 值的测定　玻璃电极法	GB/T 6920—86
工业废水　总硝基化合物的测定　分光光度法	GB/T 4918—85
紫外（UV）吸收水质自动在线监测仪技术要求	HJ/T 191—2005
pH 水质自动分析仪技术要求	HJ/T 96—2003
电导率水质自动分析仪技术要求	HJ/T 97—2003
浊度水质自动分析仪技术要求	HJ/T 98—2003
溶解氧（DO）水质自动分析仪技术要求	HJ/T 99—2003
高锰酸盐指数水质自动分析仪技术要求	HJ/T 100—2003
氨氮水质自动分析仪技术要求	HJ/T 101—2003
总氮水质自动分析仪技术要求	HJ/T 102—2003
总磷水质自动分析仪技术要求	HJ/T 103—2003
总有机碳（TOC）水质自动分析仪技术要求	HJ/T 104—2003